U0340913

净化空气植物

提高室内空气质量

克莱尔·宾森/著

解洋/译

湖北科学技术出版

图书在版编目(CIP)数据

净化空气植物/(法)宾森著;解洋译.——武汉:湖
北科学技术出版社,2013.6(2014.3重印)
(随身花园系列)
ISBN 978-7-5352-5556-3

Ⅰ.①净… Ⅱ.①宾… ②解… Ⅲ.①观赏园艺
Ⅳ.①S68

中国版本图书馆CIP数据核字(2013)第037786号

Copyright © Marabout(Hachette Livre),Paris,2012
本书中文简体版由湖北科学技术出版社独家出
版发行。

责任编辑:曾素 李佳妮
书籍装帧:戴旻
出版发行:湖北科学技术出版社
www.hbstp.com.cn
地址:武汉市雄楚大街 268 号出版文化城 B 座
13~14 层
电话:(027)87679468
邮编:430070
印刷:中华商务联合印刷(广东)有限公司
邮编:518111
督印:刘春尧
2014 年 3 月第 2 版
2014 年 3 月第 2 次印刷
定价:25.00 元
本书如有印装质量问题可找承印厂更换。

目录

概述

我们从未像今天这样关注过饮用水、食物以及化妆品。如今,我们开始关心环境,关注大气污染,关注资源的循环利用(包括玻璃、纸张和硬纸板、塑料制品、有机废弃物、绿色废弃物),关心能源节约,关注臭氧层以及阳光照射的弊端……我们也了解了一些环保的做法,比如不在夏季对草坪进行不适宜的灌溉,采取淋浴而非盆浴,在不需要时关闭电子设备,而不是让它们一直处于待机状态,刷牙时不要让水龙头一直流水,等等。

我们也懂得了如何为减少外界空气污染做出贡献,比如,上班时选择乘坐公共交通工具、骑自行车、步行或骑电动车,而不是驾驶私家车。

这只是迈出的第一步。然而我们仍需意识到重要的一点是:我们吸入的室内空气质量。

室内污染与健康

我们每个人每日平均吸入 12 立方米的空气，而且基本是在封闭的空间里（如住所、办公室、商场等地），一天中我们至少有 20 个小时待在这些地方。而我们吸入的室外空气的污染度要比室内空气高出 10~100 倍，我们要像对待瘟疫一样对此多加防备。

我们只是刚刚意识到并试图减少这种室内污染，目前有两大类措施得到认同。

其一，首先应做到的是，装修时选择无毒害装饰材料，包括油漆、涂料、地板、家具……此外还必须选择对人体无任何危害的维修产品。

其二，当危害已经造成，也就是说我们在装修时不可避免地使用了有毒化合材料，就需要在每间房间里摆放一棵专门吸收可挥发性有毒气体的植物。

当然，理想的住宅是不存在的：我们一定都拥有一台产生电磁波的电脑，释放一氧化碳的锅炉，我们也不可能把吸烟的朋友赶到屋外让他们自食苦果。然而，从小事做起并非不可能。

室内污染对不同人的影响不同。孩子、老年人、孕妇与病患更容易受到室内有毒物质的侵害。

一个常识性的建议是,尽可能少接触最有害、最危险的污染源。例如,避免搬进一间刚刚刷过涂料的房间,尤其是在怀孕期间或身体虚弱时。或者就在屋内摆放一些降解污染的植物。

孩子是最易受害群体

我们首先应该保护好孩子,他们正处于成长期,所以比成年人脆弱许多。事实证明,吸入污染气体会影响孩子肺部的生长发育并对他们的呼吸功能造成损伤。

另外,孩子会比大人更多地接触地面,因此更易受到地板污染的危害。地面通常积聚许多有毒物质以

楼宇毒害综合征 几种被归为"楼宇毒害综合征"的疾病与当地污染有关。正如它的名字所示,此种综合征由建筑物内部的有毒物质引起,具有几种不同的症状,如疲劳、焦虑、流眼泪、皮肤干燥、咽喉干咳、呼吸困难、头晕目眩、胸闷、打喷嚏。这些症状是由建筑物内有害健康的霉菌、细菌和其他微生物传播到寄主体内引起的。最糟糕的情况是,我们可能会因此得一种严重的传染病。此外,空调设备也是导致该症候群出现的因素之一。

及灰尘、真菌和其他易导致过敏的成分,它们往往藏匿于地毯、木地板或地面砖的缝隙间。

最后,我们都知道,小孩喜欢把所有东西放到口中,塑料玩具上的有害物质就这样被带到了孩子体内,而家长却并未对此感到恐慌。

疾病在增加

自 20 世纪 80 年代以来,癌症的发病率急剧上升且发病年龄日益减小,这绝非偶然。许多专家已确信,这与室内污染和有毒物质的使用有关,这些所谓的有益于提高生活质量,改善家居卫生条件的物质其实是真正的室内污染源。皮肤过敏症状急剧增多,如过敏性鼻炎,而

更普遍地是对诸如清洁剂、化妆品、杀虫剂里某些成分过敏。

阿尔茨海默氏症与帕金森症患者也在明显增加,而这并不只是人口老龄化的缘故。

有些住宅室内污染相当严重,以致居住者多种疾病并发(参考以上所列病症)。

无需列举极端情况,现代住宅里充斥着的挥发性有机化合物(如甲醛或苯),于无形中污染了室内环境。后面的内容,我们将介绍这些有毒物质存在何处以及如何清除。

通常,我们通过呼吸系统吸入有毒气体,如果定时做检查,便很容易诊断出不良病症;反之,如果长期

吸入微量有毒气体，就会出现长期疲惫等症状，引起黏膜炎、呼吸器官病变，最严重者会出现肾脏、消化系统、肝脏、心脏等器官的病变。

空气中的有毒物质还会对男性生殖造成另一种不容忽视的危害，即造成精子数量的减少。此外，诸如五氯苯酚这样的物质对胎儿会产生毒性作用。而邻苯二酸盐类物质更是有过之而无不及，它们会对肝脏、肾脏以及内分泌腺造成危害。

了解了这些知识，是对室内污染的危害视而不见，还是采取积极行动，在室内的各个角落摆放植物以保证室内空气的健康？相信你会做出一个正确的选择。

植物对污染气体吸收率的监测

20 世纪 70 年代，在美国国家航天宇航局工作的比尔·沃尔弗顿在封闭环境中通过实验发现某些植物具有净化空气的功效。他在放满植物的密闭空间内排入污染气体，测定 24 小时内污染气体的被吸收量（微克）。随后他根据植物的种类与大小，将测量结果换算为每小时污染物吸收率。实验结果表明，不同植物对污染气体的吸收率存在较大差异，例如：波士顿蕨与金伯利蕨二者虽同属蕨类，但在净化污染物方面的功效却并不一致。

降解污染，植物将迎来春天

1950年前后，美国国家航空航天局开始关注航天器内部的空气质量并探索改善途径。1974年，一位名叫比尔·沃尔弗顿的年轻人受命研究载人航天飞机内部空气，以期找到可以保护宇航员不被有毒气体侵害的途径。当时就有研究证明，某些植物能够吸收一些特殊的污染气体，从此，人们开始关注室内空气质量而不再局限于室外空气。

比尔·沃尔弗顿仿照航天器内的生存环境设计了一个封闭的生态实验室。根据他的实验结果（参照左页相关内容），能够测出某些植物所吸收有毒物质的量。

比尔与他的团队开始研究住宅内部环境。他利用一个生物过滤系统检测了不同植物的性状，该系统配置有活性炭以及促使有毒气体排向植物的鼓风机，由此罗列出了最能有效消除室内污染的植物清单。

比尔的研究不只在美国出名，而且开始在世界各地广为流传。1989年，美国成立了清洁空气协会，意在保障个人享受清洁空气资源的权利。

同一时期内，韩国、美国加利福尼亚州以及印度都致力于探究净化都市空气的途径。欧洲国家也不落后，德国、瑞士和意大利也开始类似的试验研究。

1991年，加拿大做出决定，参照比尔·沃尔弗顿在降低内部环境空气污染方面的研究成果，采取相应整治措施。1993年法国政府宣布设立室内空气质量监测站。这一组织由建筑与公共健康方面的专业人士组成，其职责为提取室内空气样本并做出分析，以确定封闭空间内的空气污染指数。随后，法国第1901法案又创设了"空气清洁植物协会"，其目标是鼓励在日常生活及工作中种植植物，使植物在环境质量上发挥决定性作用，并推动植物在污染中的作用的研究（参考以下框架内容）。

植物中的一切都是有意义的

空气清洁植物协会开启了一项对根生植物的研究项目，并由协会内部来自卫生、环境保护、建筑业和园艺业等领域的80位从业人员共同完成。这一项目由建筑科学技术中心、里尔制药研究所、能源管理和环境保护办事处，以及卢瓦尔地区和北加莱地区的研究机构为新世纪初期

联合开发启动。按原定规划已于2007年正式结束。其研究结论是什么呢？那就是不论什么植物，其所有的组成成分——叶、茎、腐殖质、微小有机体都有加速清除污染的作用，但整株植物更有效。

植物如何清除污染

有些植物的确具备清洁空气的功效，能够抵抗一些呼吸道疾病、过敏性疾病和污染物中毒，甚至能抵抗许多更严重的病症，如帕金森症、阿尔茨海默氏症以及某些癌症。

植物与微生物的协同作用

清除污染的植物是如何吸收有毒物质使空气变清洁的？答案便是叶片、根系与土壤中的微生物协同作用，从而清除有害物质的。

澳大利亚科学家的一项实验揭示了这一结论。科学家首先研究了经不同盆栽植物降解过后的空气质量，为做进一步了解，他们又将植物与土壤分离，并将土壤暴露在含有挥发性有毒化合物的空气中，结果挥发性有机物的含量减少，这与土壤对植物的滋养作用是一样的。依据这一实验结果，科学家推断，微生物完全能够在没有植物生长的情况下起到良好的消除污染作

用。为做更进一步研究,研究人员又将植物摆放在具有有毒气体的环境中,同时使根部脱离微生物生存的土壤,结果清洁净化作用大都能够正常进行。事实上,微生物与植物的协调作用根据具体情况会有所不同:协调作用越强,则去污染能力越强。

同样,植物在转化气体的过程中也增加了空气湿度,由此减少了呼吸困难、皮肤干燥以及哮喘等疾病。

交换作用的顺利进行

它们在减轻大气污染的同时,也摄取对自身有益的成分。绿色植物吸收二氧化碳,在光合作用下,通过叶片内叶绿素,产生自身需要的养分,释放出对自身无用的氧气。同时,植物还可以从土壤中吸收养分,促进自身生长。土壤中的微生物与植物各取所需,形成运转和谐的生物链。

书中提到的所有的植物都是可以美化环境的(参考右边方框里的内容)。

植物是我们的朋友,它们能将二氧化碳转化为氧气释放出来,从而提高空气中的氧气含量,平衡空气质量,是人类的益友。

很多植物都有消除建筑物内有毒化学物质的作用,并能够通过呼吸作用增加空气湿度。

研究发现,植物不光是靠叶片吸收有害物质,植物的根以及土壤里的细菌在清除有害物方面都功不可没。那么对于室内装修来讲,把植物放进刚装修完的新房子,就能有效地减少有害物质对身体的伤害,提升环保系数。

植物和环境之间的转换越频繁，植物的作用就越明显，微生物也就能产生更多的营养物质，因此，也就更有利于破坏有毒成分。

理论上来说，植物越是枝叶繁茂，蒸腾作用就越强烈，就越容易吸收有害物质，净化环境。

房间里的主要污染源

读了这本书后，你可能会重新审视自己的房间。你可以买一些防污染的植物，不仅可以净化房间里的空气，还可以作为装饰物，令人赏心悦目，真是一箭双雕的美事。

威胁你生活和健康的污染物有哪些呢？

它们的名字可能会比实际产生的影响更加可怕，让我们来举几个常见的例子，并说说它们对健康的影响。

有害辐射：还有一种特殊的污染源不是由化学元素组成的，那就是电磁波。要知道是电磁场把电场和磁场结合了起来。当有电流通过的时候，就会形成磁场。并且电流越强磁场就越强。因此不建议过多地使用电子产品或是离它们太近，为什么？因为磁场产生的电磁波会引起很多疾病：头疼、疲劳、内分泌失调、免疫系统紊乱、心血管疾病、神经系统疾病或是白血病等等，因此需要十分谨慎。请在你的电脑、电视机、收音机旁边放上一些像仙人掌、燕子掌这样的植物，可以吸收一部分辐射。同时，最好把那些电子产品放在经常打开的窗子旁边。另外，不用的时候最好拔下电源放在离你比较远的地方。

有两类主要的室内空气污染物。第一种是挥发性有机成分，虽然用肉眼看不见，但是却无处不在（像甲醛、苯、甲苯等）。第二种是燃烧产生的像二氧化碳那样的衍生物。

我们再列举一些不常见的并且在室内禁止使用的污染物，像杀虫剂、六六六、除虱剂，还有各种各样不常见的氨气、石棉等等。

挥发性有机成分

• **甲醛** 能引发癌症、呼吸道疾病、头痛、过敏和疲劳等症状，还会降低人的免疫力。

• **乙二醇乙醚** 会损害生殖系统。

• **苯、二甲苯、甲苯、苯乙烯** 会引发贫血、白血病和癌症。

• **三氯甲烷** 能够攻击肝脏和肾

脏，破坏中枢神经系统，刺激皮肤和黏膜，具有致癌性，会扰乱正常的身体系统。

• **对二氯苯** 致癌物质。

• **聚氯乙烯** 能够攻击肝脏、肾脏和生殖器官，具有致癌性，会扰乱正常的身体系统。

• **丙酮** 会刺激黏膜、鼻子和眼睛。

• **氯丁橡胶** 会引起过敏。

• **聚氨酯** 易燃的危险材质，具有致癌性。

燃烧产生的衍生物

• **二氧化碳** 会引起恶心、眩晕。虽没有气味，但大量吸入也会致命。

- **硫和氮的氧化物** 香烟的烟雾和排气管的气体;厨房的油烟和供应暖气燃烧释放的气体。

农药和杀虫剂

- **五氯苯酚** 用来保护木材和维持纸张色彩,会引起很多种疾病,具有致癌性。

- **六氯环己烷** 攻击神经系统,会导致基因突变引发癌症。

- **硫丹** 因为对环境有害,法国在2006年禁止使用。之所以有危害性,是因为其成分很容易通过消化系统或皮肤被人体吸收,从而造成很严重的威胁甚至是死亡,同时,这种物质也会刺激眼睛。

- **敌敌畏** 有致癌性。

- **砷** 用来保存室内的木材,同时也会引发肺癌。

其他的污染物

• **石棉**　具有致癌性,被禁止使用。

• **岩棉和玻璃棉**　细小的纤维可能会侵害人的呼吸系统。

• **臭氧**　排气管、激光打印机和复印机会释放臭氧,从而降低人的抵抗力和对呼吸道感染的抵御能力。

• **氡**　放射性气体,具有致癌性。

• **铅和镉**　存在于香烟、聚氯乙烯和一些之前使用的油漆中。

• **氨气**　燃烧后会损害呼吸系统。

• **环氧树脂**　有毒物质,会引起皮肤和呼吸道过敏。

• **石油溶剂油**　会刺激和危害中枢神经系统,刺激耳朵、肺部和眼睛,会引起眩晕和改变神经运动性机能。

• **邻苯二甲酸酯**　广泛存在于化妆品、家居用品、除味剂、聚氯乙烯以及它们的衍生物中。

• **电磁波**　会引起多种癌症。

植物的最爱　这些有毒物质很多都可以被植物部分吸收,例如:氨气、苯、甲醛、甲苯、二甲苯、三氯乙烯和二氧化碳等。

为了清除这些有毒物质,每个房间每天 10 分钟的通风也是非常重要的。

有效净化室内空气的小窍门

为了保护你的室内环境、净化空气,有一些简单的小窍门可以帮助你。

平时使用的油漆、墙面、窗帘、床单、汽车套垫的布罩、长沙发的布罩、靠垫的衬料以及扶手椅最好使用未经处理过的原生态的自然材料。

如果你已经使用了一些工业加工过的产品,例如房间里使用的是易产生污染的油漆,地面上铺的是含有毒成分的机织割绒地毯和油毯,那么你需要尽最大可能去减少房间内的污染,为了做到这一点,你可以有计划地摆放一些净化空气的植物来吸收毒素。

尽量少使用那些家具护理产品,如果你一定要用的话,就选用那些纯生物的产品,当然,可能会比较贵,但毕竟你的使用量不会太大。

用那些既经济又环保的老法子清洁屋子是最好不过的了。

洗衣服时,尽量使用洗衣球而非传统的洗衣粉。这种洗衣球是由陶瓷小球组成的,既经济又环保,它能够与脏衣服发生物理和化学反应,达到清洗衣服的效果,而且还可以重复使用。

每天至少通风 10 分钟来更换房间里的空气。

不要遮蔽通风管,它可以使室内的空气流通。同时,要定期清洁通风口,并且安装一个可以促进空气流通的机械通气设备。

每年都要检查一下壁炉,通刷一下烟囱。

了解室内污染源

房间里的很多有毒物质一般很少被我们察觉,因此有必要注意一下一些主要的污染源以及他们所包含的有毒成分。并且把一些适当的植物放在这些污染源旁边。

建筑木材
六氯环己烷

绝缘材料
苯、甲苯

聚合木材家具
甲醛

涂蜡家具
苯

机织割绒地毯
甲醛、苯、甲苯

层叠的木地板
甲醛

胶水、胶粘剂
甲醛、二甲苯、甲苯

油漆
甲醛、苯、二甲苯

壁纸和壁画
甲醛

干洗的衣物
三氯乙烯

塑料
苯

家具护理用品
甲醛、氨、苯、二甲苯

金属零件清洗剂、农药
三氯乙烯

洗涤剂、溶剂
甲醛、三氯乙烯、二甲苯

空气清新剂
甲醛、苯、二甲苯

指甲油
甲醛

香烟
甲醛、氨、苯、二甲苯、二氧化碳

壁炉、柴火炉、煤气灶、热
水器、暖气
二氧化碳

记号笔、墨水、打印机、复印
机
二甲苯

电话、电脑、微波炉
电磁波

23

在房间里放置净化空气的植物

由于每个房间的布置不同，所以每个房间会受到不同污染物的侵害。在办公室的电脑旁，我们通常选择吸收电磁波的植物，而在厨房、食品储藏室或餐厅，我们就会放置其他能够吸收氨气的植物，同时，我们也可以在这些地方和卧室放置一些吸收二氧化碳的植物。我们在客厅放置一些可以吸收聚合木材家具释放出来的像甲醛那样的有害物质的植物，在车库门口可以放一些吸收苯的植物。楼梯间和阁楼里，要放置一些不太喜阳但是可以吸收像二甲苯、甲苯、蜡和油漆的挥发物等有害物质的植物。在高层宽敞的阳台上，我们可以放置一些可以吸收香烟烟雾的植物。

门口

细斑粗肋草
鹅掌柴
秋海棠
圣诞仙人掌
橡树
苏铁
珍妮特·克雷格龙血树
龙血树
人造棕榈树
琴叶榕
非洲菊
肯蒂亚
竹芋
棕榈
吊兰
斐洛
喜林芋
蔓绿绒树
象耳蔓绿绒
红蔓绿绒
异叶南洋杉
一品红
郁金香
银花瓶
丝兰花

楼梯间

细斑粗肋草
花叶垂榕
蔓绿绒树
丝兰花

卧室

库拉索芦荟
燕子掌
仙人掌
圣诞仙人掌
橡树
雏菊
苏铁
波斯仙客来
黛粉叶
巴西木
马达加斯加龙血树
叶尖垂叶榕
花叶垂榕
昙花
波士顿肾蕨
金佰利女王蕨
鸟巢蕨
非洲菊
长寿花
喜林芋
象牙蔓绿绒

客厅

库拉索芦荟
燕子掌
鹅掌柴
棕榈
酒瓶兰
秋海棠
仙人掌
圣诞仙人掌
橡树
雏菊
巴豆
苏铁
黛粉叶
巴西木
珍妮特·克雷格龙血树
龙血树
马达加斯加龙血树
人造棕榈树
叶剑垂叶榕
琴叶榕
花叶垂榕
昙花
长寿花
郁金香
肯蒂亚
常青藤
竹竿

铁皮石斛兰花

槟榔树

竹棕榈树

吊兰

斐洛

喜林芋

蔓绿绒树

象耳蔓绿绒

异叶南洋杉

孔雀植物

一品红

黄金藤

郁金香

银花瓶

丝兰花

厨房

火鹤花

燕子掌

印度杜鹃花

酒瓶兰

仙人掌

雏菊

巴豆

苏铁

巴西木

马达加斯加龙血树

叶剑垂叶榕

昙花

波士顿肾蕨

金佰利女王蕨

鸟巢蕨

长寿花

槟榔树

红蔓绿绒

丝兰花

虎尾兰

浴室

细斑粗肋草

火鹤花

燕子掌

印度杜鹃花

酒瓶兰

雏菊

巴豆

苏铁

巴西木

波斯顿肾蕨

马达加斯加血树

棕榈

金佰利女王蕨

鸟巢蕨

非洲菊
槟榔树
棕榈
红蔓绿绒
丝兰花

办公室

细斑粗肋草
燕子掌
棕榈
酒瓶兰
苏铁
珍妮特·克雷格龙血树
马达斯加龙血树
叶剑垂叶榕
花叶垂榕

昙花
长寿花
虎尾兰
常青藤
竹竽
槟榔树
棕榈
喜林芋
蔓绿绒树
象耳蔓绿绒
黄金葛

车间

波斯仙客来
龙血树
人造棕榈树
昙花
虎尾兰
常青藤
竹棕榈树
喜林芋
黄金葛
白蝴蝶

阳台

库拉索芦荟
棕榈
巴豆

苏铁
人造棕榈树
琴叶榕
花叶垂榕
异叶南洋杉
孔雀植物
一品红
银花瓶

车库旁

鹅掌柴
龙血树
棕榈树
肯蒂亚
虎尾兰
黄金葛
白蝴蝶

食品储藏室

波斯仙客来
蔓绿绒树
红蔓绿绒

阁楼

细斑粗肋草
黛粉叶
红蔓绿绒

室内植物的常见疾病和寄生虫

红蜘蛛

症状：这种微小的昆虫可以吮吸植物叶子背面的汁液，从而使叶子正面变形、褪色甚至是变黏，严重的话，就会有白色的蜘蛛网从叶子部分一直延伸到茎部。

由于体型很小，你需要用放大镜才能观察到它们。

干热的环境有利于杀害红蜘蛛。

防治：去掉已经感染疾病的叶片，喷洒生物杀虫剂。通过每天喷雾的方法来增加空气湿度，将花盆放置在潮湿的沙砾上。

葡萄孢/灰腐病

症状：这种真菌容易在凉爽潮湿的环境中繁殖，并且容易侵害那些之前已经遭到破坏的叶子、花或是茎。

叶子和茎经常会覆盖一层灰色腐烂物。

防治：去掉已经感染疾病的部分并将其销毁。

在感染的部分撒上硫黄粉，用生物杀真菌剂来喷洒植物，改善种植环境，减少浇水量，保证通风良好。

带壳粉蚧

症状：这种昆虫有深棕色的保护壳。它吮吸叶片的汁液，使叶片慢慢变成黄色并且附着一层黏黏的树蜜。刚诞生的幼虫会在植物上不断爬行以期寻找自己的居住地，一般来说，它们最后都会停留在叶子背部或是茎部。长大之后，它们就再也不移动了。

防治：用湿布或者用酒精浸湿的棉

花团把它们取下来烧掉，并且用生物杀虫剂喷洒植株消灭其幼卵。

粉蚧

症状：这种小昆虫通体柔软，呈粉灰色，身体表面附着有白蜡和绒毛，吮吸茎部或嫩叶的汁液，会使植物变黄，产生大理石花纹，直至枯萎。严重时，会使植物叶子脱落。这些昆虫不断聚集，分泌黏液，这种液体很容易滋生煤污病。

防治：用湿布或用酒精浸湿的棉花团把它们取下来烧掉，并且用生物杀虫剂喷洒植株。

根粉介壳虫

症状：这种毛茸茸的白色生物跟粉蚧很像，它吮吸根部的汁液，使植株枯萎，使幼苗生长不良。它们一般会在根部和茎的底部大量生存。当植物缺水或土壤长期干燥时，很容易感染这种疾病。

防治：先把所有感染疾病的根全部去掉，然后把植株浸泡在生物杀虫剂里。

煤污病

症状：这种炭黑色的真菌容易在吮吸类昆虫分泌的黏液里滋生。煤污菌会在叶片表面积聚形成一层保护膜，从而阻塞叶片气孔。开始，叶片会慢慢变黄，但是，如果不加以有效的治疗的话，植株的健康就会受到很严重的威胁。

防治：用湿布擦拭植株叶片来去除煤污菌，要是预防的话，就用生物杀虫剂喷洒植株来消灭昆虫。

烟粉虱

症状： 这种昆虫又叫小白蛾，能够在植株间大量快速地繁殖。

淡绿色的幼虫吮吸叶片背面的汁液，身体表面覆盖有一层树蜜黏液。感染严重时，叶片会变黄并脱落。

防治： 用生物杀虫剂喷洒受感染植株，杀灭幼虫和成虫。可在植株间缠绕胶带来设置陷阱捕捉成虫。

粉孢菌

症状： 这种真菌在叶片表面滋生，然后扩展到花和茎部，并形成一片白灰色的粉末状沉淀物。如果不及时治疗，随着时间的推移，感染的部分就会褪色、变形，植物健康状况每况愈下直至枯萎。

干燥炎热的环境容易滋生这种真菌。

防治： 去掉感染严重的叶片，然后用生物杀真菌剂或用硫黄粉喷洒植株，还要经常通风。

象鼻虫

症状： 成虫夜间觅食，啃食叶片边缘的凸节。它们在腐殖土中产卵，幼虫无足，头部弯曲呈棕色，通体奶白色，能很快地侵害植株根部。使植物生长速度减缓，枯萎，直至死亡。

防治： 清除感染的植株，检查其他未感染的植株确保其不会被感染。

蚜虫

症状： 这种昆虫一般是绿色的，也有灰色和棕色的，它们吮吸整个植物的汁液，尤其是嫩叶，这些嫩叶会很快变形，然后因为昆虫的分泌物变得很黏。

植株变得很虚弱，还可能会得煤污病。蚜虫还会传播无法治愈的病毒性疾病。

防治：对于轻度感染的植株，用干净的肥皂水清洗，或者用生物杀虫剂喷洒。剪掉变形的叶片，如果是重度感染的话，就直接扔掉植株。

症状：牧草虫带刺，身体展开只有2毫米，需要用放大镜才能看到，它们撕裂叶片表皮啃食叶肉。植株变成灰色然后枯萎，花朵上出现白色的斑点，叶片变成银白色直至脱落。

防治：剪掉变形的叶片，用生物杀虫剂喷洒这种"特殊的蚜虫"。对整个植株每天喷两次水。

叶螨

症状：叶螨属于蜱螨目寄生虫，繁殖速度非常快，吸收叶片中的细胞液。叶片会变白且不平整，然后坏死，最后整个植株枯萎。

这种蜱螨目昆虫需要通过放大镜才能观察到，并且会大量繁殖。它们会吐丝，从而可以在植株间自由移动，阻碍植物的生长。

防治：定期用水或适当的生物杀虫剂喷洒叶片。

牧草虫

净化空气植物

细斑粗肋草

Aglaonema commutatum 天南星科

植物功效

有效去除甲醛与苯类的植物

摆放位置

宜摆放在房间门口、办公室、楼梯间、浴室以及阁楼

这是一种生长缓慢而又密实的植物。它的花朵形似海芋,夏天开放,但在百花争艳的花丛中很难引人注目,花谢后会结出有毒的红色浆果。在某些昏暗的房间里,这种植物看起来非常美观,但它需要主人的精心照料。

适合摆放在何处?

细斑粗肋草喜阴暗,宜摆放于房顶、楼梯间或门口的背阴处。在光线不太强的办公室或浴室,甚至是在客厅的背阴面,它都可以摆放。

种类

右图展示的变种是"银皇后",银皇后是万年青的一种杂交品种。叶长约 15 厘米,叶片边缘呈银白色,足以惹人眼目。"银皇帝"则是另一品种,叶片几乎全部呈银灰色。

生长于温和环境中

温度最好在 15~21℃，不得低于 10℃，高于 25℃

最适宜夏季种植

按时浇水，冬季减量

生长期为 2~3 年

注意防介壳虫

形态

这种植物的叶片呈椭圆形，地上茎较短。冠檐有大约 20 厘米长，呈椭圆形。在生长过程中会长出一根短茎，成熟后会长到约 50 厘米高。

光照与温度

该植物不喜强光，因为强光会使叶片变绿，长时间直射还会令叶片枯萎。它在阴暗环境中生长茂盛，但光线过弱也会阻碍其生长。室温在 15~21℃适宜其生长，温度越高越繁茂，但不喜穿堂风。

浇水与施肥

应按时浇水以保持土壤湿润，但冬季应适当减少浇水量。浇水时应从顶部浇水，大约 30 分钟后要把托盘里的多余水倒掉。

在成长期，植株的根基已经稳固，每次浇水时需要施加少量的液体肥料以促进开花。但过多浇水会使根部腐烂，导致植株死亡，松土时会发出一种恶臭味。潮湿的叶片有时会变黑，在低温下甚至会腐烂，这种情况下需要根据室内温度与季节调整浇水的技巧。

病虫害

叶柄上有时会隐藏着一些介壳虫，从而分泌出一种白色毛绒状的植物蜡。用浸湿的棉棒将虫子剥离，然后使用一种绿色杀虫剂。

功效 根据植株的不同大小每小时可清除 5~10 微克甲醛以及小剂量的苯。它去除污染气体的功效还将随植株的生长而不断增强。

小窍门

在温度较高的室内环境中，需要在花盆里放置一层小石子以保持土壤湿度，防止水分过度蒸发。除非植株的叶片因温度较高而干枯，否则不要往叶片上洒水。

库拉索芦荟

Aloe barbadensis **百合科**

植物功效

有效去除甲醛及一氧化碳

摆放位置

宜摆放在客厅、走廊、卧室以及所有光线好的地方

库拉索芦荟的叶片饱满，呈灰绿色且带有斑点，原产在北非地区，所以广泛分布于赤道附近的干旱地区。叶片内的浆状叶肉使得它能够在旱季存活。

适合摆放在何处?

库拉索芦荟喜阳光，因此应把它摆放在走廊、客厅以及光线较好的窗台上，或者把它放在卧室里使它在夜间发挥吸收二氧化碳的功效。

种类

除叶片竖直、灰绿色的库拉索芦荟外，还有叶片簇生、点缀着白点的"翠叶芦荟"; 有条纹的"千代田锦"和长有许多白色、褐色或黑色刺的"黑魔殿"。

药用芦荟自三千多年前就因其药用功效而闻名: 它可减轻烧伤、缓解关节炎，并可作为多种化妆品的组成成分。

喜光

适宜温度为 18~24℃

适宜生长时间为当年
10 月份至次年 3 月份，
有些可至夏季

按时浇水，但需适量，
冬季减量

春季换盆，每年或每两
年更换一次

虫害较少，多为介壳虫
和红蜘蛛

形态

我们通过叶上的白色刺辨认芦荟，叶的长度
可达 60 厘米；花为黄色或橘黄色，呈穗状，在
冬季开花。但如果光照充足，芦荟在夏季也
能够开花。叶子在生长初期多呈鲜绿色，而
到了成熟期则变为灰色，高度可达 2 米。

光照与温度

库拉索芦荟喜光，哪怕是直射的阳光。记住
一点，永远不要把芦荟摆放在背阴处或光线
较弱的地方。芦荟能承受的温度低至 10℃，
冬天夜晚时甚至能到 4℃，但如果能把温度
控制在 18~24℃ 之间，它就能够旺盛地生长。
因此这是一种极易成活的植物。

浇水与施肥

按时浇水,但要适量。冬季,每次浇水前都要保证花盆底部几乎是干的;水要是流动的,以保证根部不腐烂。每个月施一次肥。最好栽种在稳固的陶瓷花盆里,远离过道以避免折伤叶子。芦荟在室内能够存活 5~20 年。

病虫害

库拉索芦荟可能会成为害虫的目标寄主,如介壳虫或红蜘蛛,但很少会因此衍生成病虫害,这于它来说是一大制胜点。若遭受病虫侵染,请使用一些绿色杀虫剂,并且要为其他植物做一番检查。

> **功效** 库拉索芦荟在清除甲醛、吸收一氧化碳方面功效显著。

小窍门

换盆时,请使用从专卖店购置的标准土壤,它能够帮助排出浇水时的多余水分。

夏季,你可以把芦荟移至室外,但在雨天时不要使雨水积存在花盆底部。

红掌

Anthurium scherzerianum **天南星科**

植物功效

有效减少氨类、二甲苯、甲醛、一氧化碳等

摆放位置

应放置在厨房或浴室

这是一种异域植物,叶表面附有蜡质,心形叶的中心装饰有佛焰花序,环绕在桔色螺旋形花蕊周围。因此也被称为"火焰玫瑰"或"牛舌"。花期自春季至夏末,可延续许多周。

适合摆放在何处?

红掌最适宜摆放在厨房和浴室等产生大量氨类的地方。另外,这些地方的湿度较高,这对喜湿的植物来说再理想不过了。

种类

红掌几乎完全符合天南星科的特征,但花的颜色为玫瑰红、橘黄或红色,而且花形更大一些。

摆放室外,勿阳光直射

适宜温度为 15℃,避风

适宜春、夏季种植

生长期定时浇水,冬季减量

春季植株长势超出花盆时需换盆

预防葡萄孢(暗灰色腐烂)

形态

叶片几乎无茎,叶缘环绕佛焰苞,形成灌木植物的一般高度, 成年植物最终高度为 30~45 厘米。红色、粉色或白色的具有蜡质的佛焰花苞,突出在深绿色的披针形叶片之上,并带有红色的叶柄。叶片可长达 20 厘米,花长 5 厘米。

光照与温度

该植物常年需要较高的湿度, 应避免太阳光的直射。适宜温度为 18~22℃,但在更低的温度下(通常为 15℃ 左右)生长会更旺盛,前提是避免穿堂风。

浇水与施肥

在生长期要定时浇水，但两次浇水间隔期要保持土壤微干。红掌冬季需水量减少，但不可任其干枯，也不可使其生长在过于潮湿的土壤中，以防根部腐烂。浇水时应由上往下喷洒水，30分钟后将托盘里多余的水倒掉。春季与夏季每两周为植株施一次肥。

病虫害

若叶片上出现棕色斑点，则可能是植株受到真菌感染，很可能是葡萄孢（或灰腐病）。为更好地照料植株，需要为其喷洒杀菌剂，并改善植株的生长条件，凉爽而湿润的环境更有利于各种真菌的繁殖，从而威胁植株的存活。如果叶片变黄，可能是由于温度过低或土壤过于潮湿。这种情况下就需要在土壤变得干燥后再重新浇水，并把植株转移到温度高一些的地方去。

小窍门

用湿海绵小心翼翼地擦去叶片上的灰尘，注意不要触碰嫩叶，它们很容易变形。不要往叶片上喷洒光亮剂。

功效 红掌能有效减少氨类与二甲苯等污染物。同时，它还能吸收少量甲醛以及部分一氧化碳。

45

玉树(燕子掌)

Crassula ovata **景天科**

植物功效

能够有效减少电磁波、微波以及氨类气体

摆放位置

适宜摆放在客厅、办公室、厨房、卧室以及浴室

玉树叶肉质,易种植,装饰性强。只要水与光照充足,便可在室内长时间存活,但一定要保证充足的光照。

适合摆放在何处?

将玉树放在辐射波源处，可以是办公室、厨房、客厅、卧室或者任何可能接收辐射的地方。

种类

玉树有时被叫做燕子掌，而景天树是另一种类似的植物,其叶片呈浅灰色。

摆放室外,喜阳光直射

适宜温度为 7~24℃,避风

适宜冬季种养

生长期内保证水分充足

春季换盆

易患介壳虫害

形态

在理想的种植环境中, 景天树能长至 1.2 米高。茎肉质,多分枝。叶肉质,卵圆形,叶长可达 4 厘米,叶缘常出现红色或苍绿色纹理。芽茎末端在冬季时会出现星条状花絮。

光照与温度

把玉树放在有光照的窗台上, 叶色会更加漂亮,夏季时在花园里长势旺盛,因为清凉的空气与阳光使茎更加坚挺, 叶簇也会装扮得更有生机。冬季时喜凉,理想温度是 10℃,最低可承受 7℃。

浇水与施肥

在玉树生长期,浇水要充足,要等上半部分土壤干燥后再进行下一次浇水。

冬季浇水的次数要减少，保证一至两个月一次的频率,或者当表层土壤变干后再浇水。由上方往下喷洒水，30分钟后将托盘里多余的水倒掉。植株的根系固定后，每两周就要施一次钾肥,与番茄所施肥料为同一类,以加快花期。

病虫害

使用从水龙头接来的凉水浇花会导致叶片脱落，而生长期缺水也会导致同样的后果。应使用温度适宜的水，并在春季和夏季使土壤保持湿润。

如果叶片枯萎、褪色，可能是浇水过多的缘故,尤其是在冬季。等土壤变干后，把花盆浸湿，在重新放入托盘前将水沥干。等上表层土壤变得干燥之后再重新浇水。

小窍门

当玉树的根系长出花盆底部的排水孔时,就该为它换盆了。往土壤里掺入些泥炭,再加进去些粗砂或珍珠岩,以便于排水。

功效 玉树能有效吸收电磁波(由电视机、电脑、无线网络产生)、微波及氨类气体。

鹅掌柴

Schefflera actinophylla 五加科

植物功效

有效吸收甲醛、苯与二甲苯

摆放位置

适宜摆放在门口、客厅与车库

这种室内植物也被称为鸭脚木或矮伞树，能够把明亮的房屋装扮得颇为美观，而且不容易被损坏。生长迅速，分枝多，叶呈卵形，表面有光泽，如伞状伸展。

适合摆放在何处？

鹅掌柴喜光，但不能接受阳光直射，可以摆放在门口、客厅或车库附近等光线充足的地方。

种类

鹅掌柴有时被称为"伞树"。鹅掌柴属的植株叶片更大，颜色更深，对有害物质的抵抗力更强。

☀ 喜光,勿阳光直射

🌡 适宜温度为 18~21℃,
不能低于 13℃

⚙ 不需松土

🛒 定时浇水,冬季减量

🪣 春季换盆

🐞 预防介壳虫与红蜘蛛
等虫害

形态

成熟植株在正常的室内环境中可达到 3 米高,每根分枝上可长出 15 个叶片,叶片可长至 30 厘米长,5 厘米宽,叶柄较短。

光照与温度

鹅掌柴在光照充足的地方生长旺盛,但不能接受阳光直射。这种植物不喜热,18~21℃ 最适宜。冬季,注意将温度保持在 13℃以上,避免穿堂风。

浇水与施肥

保持土壤潮湿，春夏季期间切勿翻土。冬季浇水量适当减少，待土壤干燥后再重新浇水。浇水时自上往下喷洒，30 分钟后将托盘内多余水分倒掉。在生长期内，每隔 15 天为植株施一次肥。

病虫害

如果周围空气较干燥，叶片上会出现棕色斑点，这时需要为植株多浇些水。若叶片卷曲，就要使植株远离通风口。此外，如果温度过低，叶片会掉落，在这种情况下就要把植株转移到相对温暖些的地方去，温度保持在 18℃ 左右，并把遭受病害的叶片去掉。如果在生长期间叶片褪色或枯萎，是因为阳光不充足，需要把植株转移到光照更充足的地方去，但要避免直射。如果室内光线充足，而植株其中一侧的叶片依旧褪色，可能是茎部向光源处伸展导致的，这种情况下就要定时换方向摆放花盆。

小窍门

如果鹅掌柴根部生长区域狭小，就要在春季为它换盆，并将其放置于腐殖土中。当它长到正常盆栽的大小时，可将原来的表土换成同质地的新土。

功效 鹅掌柴能有效吸收空气中的甲醛(每小时 9 微克)、苯与二甲苯。它接收的光照越多，吸收污染物的作用越强。

杜鹃花

Rhododendron simsii **杜鹃花科**

植物功效

有效吸收甲醛、氨类
与二甲苯

摆放位置

适宜摆放在有烟雾的
房间、厨房以及浴室

杜鹃花的花色繁多。它生长缓慢且不容易养
到第二年。但如果长期在温和环境中生长，
且保持土壤潮湿，它可以存活多年，花期可从
当年秋末延续整个冬季甚至到次年春季。

适合摆放在何处？

可以把杜鹃花摆放在厨房以及浴室里，放置
含氨成分的清洁用品的橱柜旁；同样也可放
在吸烟室，或有烟囱和燃气设备的房间里。

种类

迎红杜鹃是白色花瓣，中间呈玫瑰红色，而云
银杜鹃是玫瑰色花瓣，边缘呈白色。

☀ 喜光,但需避免阳光直射

🌡 适宜温度 10~15℃,最低不低于 5℃

✹ 生长期为秋、冬、春三季

🫖 每两天浇一次水

🪴 使用灌木叶腐殖土

✸ 预防蚜虫

形态

杜鹃花呈椭圆形落叶灌木,叶片小,质地较硬,叶背面常有绒毛,有的绒毛几乎覆盖整个花茎。在良好的生长条件下,这个矮矮的灌木可长至 60 厘米高。花朵下垂,呈漏斗状,在叶茎顶端环绕形成花簇。

光照与温度

杜鹃喜光,但要避免阳光直射,以保证花朵最漂亮且能较长时间开放。朝北的窗台是理想的位置,但不能让窗帘遮盖住植株,冬季窗玻璃结冰时请勿摆放窗台。杜鹃花通常喜微凉的环境,但不能过冷;适宜温度为 10~15℃,最低能忍受 5℃的低温。

浇水与施肥

花期需保证土壤湿润，最好是让水分浸润植株以使根部充分生长。可将植株整体放入水桶中，使水分没过上层土壤，浸润 20 分钟，然后将其放在托盘上，空出多余水分。

生长期需要为植株施肥，从春季开始，直至有花蕾长出时停止。每 2~4 周为植株施一次钙肥。

病虫害

若嫩枝上附着有胶状物，则说明嫩芽上有蚜虫，且分泌了具有黏性的树蜜。需要为植株喷洒生物杀虫剂，或者往植株上放一些瓢虫。

小窍门

若花蕾要脱落，可能是由于植株更换了生长环境，而根部缺水也会导致同样的结果。尽量减少植株移动并按时浇水。

若植株花枝杂乱无序，需要在春季为其剪枝，将最长的枝条减去一半。但剪枝后的植株来年开花数量会减少。

功效　杜鹃花是一种理想的去除室内空气污染的植物，它能有效吸收甲醛（是巴豆吸收作用的 2 倍）、氨类与二甲苯。在吸收氨类的所有植物中，杜鹃花位列第四。

酒瓶兰

Beaucarnea recurvata 龙舌兰科

植物功效

有效吸收甲醛、三氯乙烯、苯与氨类

摆放位置

适宜摆放在客厅、办公桌、厨房和浴室

酒瓶兰的根部隆起，因此被叫做"酒瓶树"或"象腿树"。树干顶端长有浓密的带状细叶，呈玫瑰花结状。易于种植，无需过多照管。

适合摆放在何处？

你总能找到一处适合酒瓶兰生长的地方：客厅、办公室或者有空闲地方的厨房、浴室。重要的是摆放的地方要光照充足，甚至是直射的强光都无所谓。

种类

酒瓶兰有时被叫做"象腿树"或"假叶树"。

喜光

适宜温度为 4~32℃

仅在植株老化后松土

两次浇水期间保证土
壤干燥

春季换盆,3~4 年一次

病虫害较少,多为介壳
虫和红蜘蛛

形态

酒瓶兰能长至 1.5 米高,60 厘米宽,有时会开
出白色穗状花朵, 但盆栽植株很少开花。通
常树龄超过 25 年才会开花,每年开两三次。

光线与温度

酒瓶兰喜强光直射,生命力顽强,4~32℃的温
度范围内皆可生长,能耐受干燥的生长环境,
夏季可在室外生长。

浇水与施肥

突起的根部可以储存水分，因此根部暂时性缺水不会影响到植株生长。从顶部为植株浇水，使水分自由滴落，并在 30 分钟后将托盘里的多余水分倒出。下次浇水前保证土壤已变干燥，冬季要减少浇水的次数。夏季时为植株施些液体肥料。

病虫害

浇水过多会导致根部和球基腐烂。在此情况下，你很可能需要将腐烂过度的植株扔掉，但在扔之前可尝试将根部晾干看能否返活。要记得酒瓶兰可承受长时间的干燥。如果叶末端变成棕色，这可能是由于你在经过时不小心碰撞过它，也可能是植株太靠近加热设备，又或者是你将它放在了干热空气流通的地方。你需要使植株远离热源，并将它摆放在不会被碰撞到的地方。

小窍门

该植物能适应中度干燥的室内环境，因此无需为其浇水。

叶片随树龄的增加会自然枯萎，需要小心将其剪掉以露出树干。

功效 酒瓶兰可有效去除甲醛、三氯乙烯、苯与氨类，这是其根部存在的微生物在起作用。

秋海棠

Begonia x *hiemalis* 秋海棠科

植物功效

有效吸收甲醛

摆放位置

适宜摆放在门口、客厅或窗台

最初秋海棠的花只有单一的红色，而现在已有一千多个混合品种，花色多种多样，花单性或双性，可整年开放，每株花可开放长达3个月。

适合摆放在何处？

海棠花是居家装饰的理想植物，在无强光照射的情况下，可摆放在窗台、门口客厅以及所有光线充足的房间里。最好避免穿堂风，因为这会导致花蕾脱落。同时也要避免靠近水果，因为水果会释放出乙烯，同样对海棠花不利。

种类

在最常见的几种秋海棠中，杂交品种丽格秋海棠与里拉秋海棠可常年开放，花色各异，花瓣有单瓣的、半重瓣的、重瓣的或微卷曲的和不卷的。

☀ 喜光,但应避免阳光直射

🌡 适宜温度为 13~20℃

❄ 冬季或夏季松土

🪣 定时浇水

🪴 每年换盆

🐞 预防葡萄孢(灰腐病)、白粉病

形态

秋海棠花簇紧凑,高可达 37 厘米。叶片浓密,呈深绿色,花枝较多,很容易被损坏。根据单瓣或双瓣的不同品种,花瓣为 4 片或更多。

光照与温度

秋海棠的生长环境应光照充分,但要保证其不受太阳直射,因为直射会损害叶片与花朵。但如果随着花茎的长度增加,下部叶片脱落,则说明光照不足。最好避免温度高于 20℃,因为温度过高会导致叶片卷曲。秋海棠的适宜温度平均为 16℃,夜间最低为 13℃。

浇水与施肥

秋海棠根部呈纤维状,不耐旱,可将其根部浸入 5 厘米深的水中,不要让土壤完全干燥,但也要记得将托盘里多余的水分倒掉,因为如果把海棠浸在水中，它底部的根和茎可能会腐烂。冬季海棠需水量会减少。

春季至秋季期间,每次浇水时可以施点肥料。如果是在冬季开花时买来的海棠，就不需要施肥了。

病虫害

如果花蕾脱落，可能是由于更换生长环境导致的,而且根部缺水也会导致同样的结果,所以最好不要挪动花盆。秋海棠还可能会感染灰腐病和白粉病这两种真菌疾病，在此情况下要将有病症的叶片剪掉并喷洒生物药剂。

功效 秋海棠的变种与其他同科植物一样,都能够有效去除甲醛。

小窍门

秋海棠不耐旱,因此要把花盆里放些潮湿的砾石以增加湿度。
春季时,把植株放在直径更大些的花盆里。

天轮柱

Cereus peruvianus 仙人掌科

植物功效

有效吸收电磁波辐射

摆放位置

适宜摆放在客厅、办公室、卧室以及厨房

天轮柱原产自南非，又叫做"秘鲁天轮柱"或"仙人柱"，是一种巨型仙人掌，形似长蜡烛或深绿色长柱，长有许多刺，应小心种植，放在儿童够不到的地方。

适合摆放在何处？

天轮柱可摆放在厨房里靠近微波炉的地方，或摆放在电子设备如手机、电脑、电视机等旁边。办公室、客厅和卧室也同样适合摆放。

种类

在 25 种有名的天轮柱中，秘鲁天轮柱种植最广泛，形体最大，而六角仙人柱更高，鼠尾掌可以开出红色的美丽花朵，夜花仙人掌则长得非常细长。

☀ 喜光,甚至可接受太阳
光直射

🌡 适宜温度为 5~30℃

⚙ 夏季松土

🪣 春夏季多浇水,冬季只
需保持土壤潮湿

🪴 每年春季换盆

🕷 防介壳虫害

形态

露天生长的天轮柱高度可达 6 米,而室内种
植的则会矮一些。它只会增加高度,所以不
会占据太大的空间,可以摆放在房间的一个
角落。天轮柱茎的边缘长满刺,当植株变老
时会在刺处开出白色的花,这是为了减少蒸

发面积、防止干枯。

光照与温度

天轮柱喜光照，且不怕阳光的直射，若无直射条件，它需要强光照。冬季可承受 5℃的低温，夏季所能承受的温度不能超过 30℃。如果你希望它在夏季开花，就要在冬季时保证温度在 10℃左右。

浇水与施肥

天轮柱需水量少，春夏季可适量浇水，但冬季时无需浇水。每次浇水前保证土壤已经干燥，且最好在早晨或晚上浇水。为使土壤肥沃，最好施一些传统肥料。

病虫害

若浇水过多，天轮柱的根部很可能会腐烂，植株最终死亡。

小窍门

时常用软毛刷清扫一下天轮柱的茎以去除表面的灰尘，注意不要扎到手。

与其他种类的仙人掌一样，量天尺需要干燥的土壤以使根部得以良好通风，所以最好往土壤中掺些小石子。

功效 根据众多研究结果，天轮柱能有效吸收电脑、电视、无线网络和微波炉辐射的电磁波。你可以在你居住的地方摆放几棵天轮柱来吸收辐射。

蟹爪兰

Schlumbergera truncata 仙人掌科

植物功效

有效吸收甲醛

摆放位置

适宜摆放在门口、客厅或卧室

蟹爪兰是一种生命力顽强的植物，能够开出大喇叭状花朵。尽管花期仅持续几天时间，但从秋季开始花朵接连不断地开放，直至圣诞节期间，并因此得名。

适合摆放在何处？

蟹爪兰在有光照时生长旺盛，但不能接受阳光直射，可以摆放在客厅、卧室或门口处，既可以放在家具上也可以悬空摆放。夏季时可将其挪至室外，置于背阴处，避风。

种类

大部分蟹爪兰被当做圣诞仙人掌出售，而它的拉丁名却并不被提及，但有时它也会被标记为"蟹爪兰"。卡米拉也被叫做圣诞仙人掌，但实际上它是一种杂交品种。

喜光,但避免阳光直射

适宜温度为 12~18℃

可在当年 11 月份至来年 3 月份松土

夏季每周浇水 1 次,冬季每月 2 次

每两三年换一次盆

防介壳虫害

形态

蟹爪兰高 30 厘米左右,茎弯曲优美,叶状茎扁平多节呈锯齿状,带有槽痕,花着生于茎的顶端。花冠宽约 2.5 厘米,长约 8 厘米,2/3 的花瓣顶端弯曲,有些花外形与蟹爪相似。花分多种颜色,有紫红色、红色、橘黄色和白色。

光照与温度

常年需要充足的光照,但应避免阳光直射。室内温度为 15℃左右时花开放,之前两三个月需具备凉爽的天气以刺激花蕾成形。冬季时,温度应保持在 13℃左右。夏季需将其挪至室外避风处。

浇水与施肥

蟹爪兰在干燥的土壤中生长旺盛，但如果茎叶开始变软，是由于土壤过干。当花苞出现时，则要更充足地浇水。

花期过后要减少浇水量。浇水时从上面洒水并在 30 分钟后将托盘内多余的水分倒出。施肥使用钾肥，每两周一次，花期过后的一段时间不需施肥，因为植株需要两个月的休眠期。

病虫害

如果植株腐烂或枯萎，可能是浇水过多导致的，尤其是在休眠期时。将腐烂部分剪掉，再次浇水前要保证上半部分土壤已经变干。

功效　该植物根部以及土壤里的微生物使其能够有效吸收甲醛(每小时 3~5 微克)。

在花盆里放些湿润的小石子，按时为植株浇温水以增加湿度。

橡皮树

Ficus elastica 桑科

植物功效

有效吸收甲醛

摆放位置

适宜摆放在新装修或翻修过的房间、门口、大客厅、阳台、卧室

橡皮树是抵抗力最强、最常见的室内植物之一，是减轻室内污染的冠军植物。即便疏于打理，生长条件差，光照不强，有穿堂风，甚至是有烟雾环境中，它都可以顽强地存活。

适合摆放在何处？

在刚刚装修过或刚换过新家具的房间里最好摆放一棵橡皮树，因为它能有效更新室内空气。植株体积增大后，可以把它挪至宽阔的地方，比如宽敞的客厅或阳台上。

种类

体态相对较小的品种成为室内摆放的植物。种植较广泛的有"阿比让"——叶片深绿，几至黑绿色，"罗布斯塔"——叶片更长更宽，以及"千代田锦"——叶片上散布黄色斑点。

喜光,但避免强光直射

适宜温度 10~15℃,冬季最低为 4℃

不需松土

适量浇水

每年或每两年换一次盆

预防介壳虫、红蜘蛛

形态

尽管天然橡胶树形态庞大,但在室内只有一根茎能够生长,而且无分枝(需要修剪直立枝的顶端,才能让植物分枝)。一棵室内植株可高达 1.8 米。

光照与温度

在光照充足的条件下生长旺盛，但需避免阳光直射，这会使叶片卷曲掉落。喜微凉的环境，既不耐旱也不耐热。理想温度为10~15℃，冬季能承受4℃的低温。

浇水与施肥

春季至秋季需保证土壤湿润。等土壤表面干燥后再进行下一次浇水。冬季浇水过量时根部会腐烂，因此需要更小心谨慎。从顶部浇水并在30分钟后将托盘里多余的水分倒掉。整个生长期内，每次浇水时为植株施加些液体肥料，剂量为正常的一半。

病虫害

如果叶片下垂或枯萎，很可能是由于暴露在通风处或者环境过于干燥。这时需将植株挪至更适宜的地方。

功效　橡皮树可有效吸收室内的化学污染气体，是清洁空气的冠军植物。它能最有效地去除甲醛，而且叶片能释放大量氧气，还可吸收灰尘，用干净的布即可擦除叶片上的灰尘。

菊花

Chrysanthemum morifolium 菊科

植物功效

有效吸收甲醛、苯与氨类

摆放位置

适宜摆放在客厅、厨房、卧室与浴室

菊花可常年生长在花盆里，花絮大小和形状各有不同，有单瓣，有重瓣，环绕黄色花心。照料细致的话通常 6~8 周可开花。

适合摆放在何处？

菊花应摆放在室内光照充足的地方，但不能接受阳光直射。客厅、卧室，特别是刚装修过或摆放新家具的房间以及厨房、浴室（以消除氨）中最好放几盆菊花。

种类

菊花根据其花色分为许多品种。根据开花季节分为：春菊、夏菊、秋菊、冬菊及"九九"菊等。

☀ 需光照,但避免阳光直射

🌡 适宜温度 13~16℃,冬季最低 4℃

⚙ 秋季每 6~8 周松一次土

💧 勤浇水,水量要充足

🪣 不需换盆

☀ 预防葡萄孢菌病害(灰腐病)以及蚜虫

形态

植株通常为 30~45 厘米高,但育种者培育了植株更小的变种,如野菊花高度不超过 25 厘米。

光照与温度

让菊花接受足够的光照,但要避免光线直射。它在 13~16℃ 的温度下花期会持续更长时间,而冬季最低也能承受 4℃ 的低温。

浇水与施肥

保持土壤湿润，不能使根部缺水。将花盆放入盛满温水的容器中浸润，让植物吸收足量的水（土壤表面应湿润）。然后放在干燥的托盘上，让植物沥干。植株长出花蕾后，每两周施一次钾肥直至花开放；花朵盛开后停止施肥。

病虫害

浇水过量可能导致叶片腐烂。相反，缺水会使叶片变黄。

小窍门

侍弄菊花时最好戴上手套以防皮肤过敏。

花朵凋谢过程中要把枯萎的花一朵朵摘掉，以便刺激花朵重新生长。

天气较热时，在花盆中放些潮湿的砾石以防止水分过度蒸发，增加湿度。

功效　在所有开花的植物中，菊花最能有效去除空气污染物，它能够消除挥发性有机成分，尤其是甲醛（每小时吸收 15 微克）。它同样也能吸收氨气（每小时 9 微克）和苯。

变叶木

Codiaeum variegatum **大戟科**

植物功效
有效吸收甲醛

摆放位置
适宜放在客厅、阳台、
厨房或浴室

这种室内植物因形态美丽而备受人们喜爱。叶形多样,叶色鲜艳且随时间推移而变色。然而,它对温度与湿度的要求苛刻,给种植者带来麻烦,只有细心照料才能保证其生长旺盛。

适合摆放在何处?

变叶木在温暖、湿润而且光照充足的地方才能使叶片逐渐变色,但要避免阳光直射。因此应摆放在阳台上无太阳直射的地方,也可放置于厨房、浴室或客厅里。

种类

种植较广泛的几个品种里,有"红掌",叶片较宽,卵形,黄色金边;"大吴风草",叶片上有黄色斑点;"虎尾",叶片长条状,25厘米长,叶片中的叶脉颜色随树龄变化由黄变红。

☀ 需光照,但应避免光线
　直射

🌡 适宜温度为冬季最低
　13℃,夏季最高30℃

⚙ 不需松土

💧 春夏季需水量大,冬季
　减量

🪴 每两三年换一次盆

☀ 预防介壳虫、红蜘蛛虫
　害

形态

这种圆形灌木植物高和宽度根据栽培品种的
不同,最高可达 1 米,叶片为椭圆形或线形,
叶脉较深,叶色有绿色、白色、粉色、橘黄色、
黄色、红色或玫瑰色条纹,沿叶脉或叶缘分
布,或者呈飞溅状分布在叶片上,非常漂亮。
现已有一百多种种植品种。

光照与温度

变叶木喜强光,但不接受阳光直射。光线充
足、朝西的房间是摆放变叶木的理想地方。冬
季所能承受的最低温度为 13℃,避开穿堂风

并远离热源,以防叶片脱落。

浇水与施肥

变叶木喜湿润的土壤,因此春季至夏季要保证充足的水分;相反,冬季温度下降时浇水频率要减少。从顶部浇水,并在 30 分钟后将托盘里的多余水分倒掉。如果水分过多,叶片也会脱落。

病虫害

冬季有些叶片会脱落,这是正常现象,但如果大量落叶,则很可能是受寒冷天气的影响或者根部严重缺水。这时需要将植株挪至更温暖的地方并浇水。

功效 由于叶片的蒸腾作用,变叶木有助于改善室内空气质量,增加氧气含量,另外,它还能吸收甲醛,平均每小时吸收 3 微克甲醛,若植株生长得好,可达到每小时 6 微克。

小窍门
提供高湿度的生长环境,并每日为变叶木洒水,但在强光照射时不要洒水,这会使叶片被阳光灼伤。

仙客来

Cyclamen persicum 报春花科

植物功效

有效吸收甲醛、二甲苯

摆放位置

适宜摆放在卧室、储藏室或工作室

仙客来是人们喜爱的室内植物，四季都可以开花，但一般在初春与夏末开花更常见。花瓣顶端弯曲，非常娇弱。若照料细致，花期可持续几个月。

适合摆放在何处?

仙客来喜清凉的环境与中度光照，应摆放在清凉的卧室、空气中含有有害气体的工作间或储藏室。夏季要把仙客来放到无太阳照射的窗台上。

种类

在众多有趣的品种中，Metis 花瓣很小，宜室内生长；Latinia 花较大；Halios 有 20 多种颜色。

☀ 适度光照

🌡 适宜温度为 13~18℃

⚙ 9 月份至次年 4 月份适宜松土

🪣 每周浇一次水

🪴 春季换盆

🕷 预防葡萄孢菌病、红蜘蛛与象鼻虫

形态

花瓣较大的仙客来高度可达 30 厘米，同时也存在较微型的品种，植株较小的花瓣也较小。使用的花盆底部直径为 8~9 厘米，高 15 厘米，上部直径在 10 厘米左右。

光照与温度

为使花期尽可能长，光照必须充足。面向西边的朝阳窗台是最理想的摆放位置，但要保证夜间无穿堂风且无大幅度的温度变化。应当为植株提供适合其生长的凉爽环境和流动的空气。花开放的最适宜温度是 13~18℃。

浇水与施肥

仙客来应每周浇一次水,水要浸到花盆底部。往托盘里盛满水,若土壤潮湿,要把托盘里的多余水分倒出。事实上,尽管该植物喜潮湿环境,但如果根茎或叶子长时间浸泡在水中也是无法正常生长的。春夏季期间每周为植株施少量钾肥,花蕾长出时就要停止施肥。

病虫害

象鼻虫的幼虫会吞噬仙客来的根茎部,导致植株枯萎。要仔细观察根茎部以防病虫害。

功效 这种美丽的植物能够吸收甲醛和少量二甲苯,可以与其他能够吸收挥发性有毒气体的植物摆放在一起,以营造健康的室内环境。

小窍门

仙客来根系越多越长,花会盛开得越好,建议花盆尺寸不要超过 13 厘米。

如果植物摆放在供暖的房间中央,就要在花盆里放些潮湿的小砾石,以防土壤过于干燥。

花叶万年青

Dieffenbachia seguine 天南星科

植物功效

有效吸收甲醛、二甲苯与甲苯

摆放位置

适宜放在客厅、卧室或阁楼

花叶万年青的叶片较长，边缘呈深绿色，叶片中部为乳白色侵染状，使这种净化空气的植物显得特别旺盛，这正是它吸引人的地方。夏季时有的还会开出小花。

适合摆放在何处？

该植物喜光但不能过量，能消除室内空气污染物，适宜摆放在所有放有新家具（通常含大量甲醛）的房间里，比如客厅、卧室。夏季时可放置在阁楼，万年青在夏季时需要较多热量。

种类

右图展示的是暑白黛粉叶，而白玉黛粉叶则是另一种颇受欢迎的品种，大片的暗绿色叶片上有着白色的斑点。

☀ 需光照,但要避免阳光直射

🌡 适宜温度在 10~18℃

✸ 植株成熟后可松土

🫗 夏季大量浇水,冬季减量

🪣 每年换一次盆

✺ 预防煤烟病、蚜虫、红蜘蛛

形态

这种灌木植物的高度在 1.2 米左右,但通常在它长至这个高度前要进行剪枝,因为缺少光照它会无序生长。叶片大而光亮,着生于茎干上部,椭圆状卵圆形,长 30~45 厘米。宽大的叶片两面呈深绿色,其上镶嵌着密集不规则的淡黄色或淡绿色等色彩不一的斑点、斑纹或斑块。

光照与温度

在光照充足的情况下,花叶万年青生长旺盛,但要避免接受阳光直射。缺少光照时叶面上的彩斑颜色会变淡,这时需要将植株挪至光线更充足的地方。冬季时需要 18℃ 左右的恒温,避免穿堂风吹拂。若温度高于 18℃,则需要增加湿度。不要长时间使植株处在低于 10℃ 的环境中,否则叶片会脱落。

浇水与施肥

夏季要按时大量浇水,且四季都要保持土壤湿润。冬季时植株需水量减少,等土壤干燥后再浇水。从顶部洒水并在 30 分钟后将托盘里多余的水分倒掉。夏季每两周为植株施一次肥。

病虫害

如果把植株放在光照太强烈的窗台上或靠近散热器的地方,叶片会出现棕色和黄色斑点。这就需要把它挪到更合适的地方,并把有病害的叶片摘掉。

功效 花叶万年青叶片宽大,能有效消除室内空气污染,如甲醛(每小时 8 微克)、二甲苯和甲苯。

小窍门

若植株的叶片掉落,茎变细且向高处生长,就需要将长长的茎掐掉以使植株朝四面生长。修剪枝叶时要记得戴上手套,因为植株的汁液是有毒的,如果误食会导致舌头暂时失去味觉。

巴西木

Dracaena fragrans 龙舌兰科

植物功效

有效吸收甲醛、二甲苯与三氯乙烯

摆放位置

适宜摆放在客厅、厨房、卧室、浴室

在不同的龙血树种类中，巴西木是种植最广泛的。叶片呈宽带状，深绿或浅绿色，上面有着金黄色的条纹。随着树龄的增加，叶片沿着树干上部向底部生长。

适合摆放在何处？

巴西木需要较高的温度但对光照需求不大，可以将它放在卧室、客厅以及刚装修过的房间或那些有大量新换家具的房间。由于它需要一定的湿度，也可以将它放在浴室或厨房。

种类

"中斑香龙血树"叶片中肋为金黄色条纹，两边绿色；"金边香龙血树"叶片边缘呈金黄色纵纹，中央为绿。以上几个园艺品种观赏价值很高，受到人们的喜爱。

適量光照

適宜温度 16~24℃,最低 10℃

不需松土

適量浇水

春季换盆

预防介壳虫病、红蜘蛛

形态

巴西木的主树干能够分出好几支不同的分支,这些分支处树叶呈玫瑰花结形状生长,且叶片上黄色和绿色混杂。在室内环境下,该植株最高可达 3 米,这种情况下,当树干长到 20 厘米时,对其进行修剪,这样能够促进新一轮的分支。

光照与温度

此植株生长最适宜温度为 16~24℃,可短时间承受 10℃的低温。春季要防止太阳直射,因为直射会使叶片枯萎。但要避免将其放在过于阴暗的地方,以免叶片因此变成深绿色。

浇水与施肥

巴西木为热带植物，需要较高的湿度。要按时浇水，浇水时需小心。夏季时上层 2 厘米的土壤要保持干燥，冬季时一半的土壤需保持干燥。

病虫害

在干热环境中，植株可能会遭受介壳虫、红蜘蛛的侵害。

> **功效** 巴西木能有效吸收室内甲醛、二甲苯与三氯乙烯。其叶片的呼吸作用还能增加室内湿度。

小窍门

巴西木的叶片虽然坚挺，但在擦拭时也要非常小心，且不能使用清洁用品。用天然洗涤剂轻轻擦拭就可。

因需要较高的湿度，所以要定时为叶片洒些温水，尤其是对于摆放在干燥环境内的植株。可在花盆中放置一层湿润的小砾石以促进植株的生长。

银线龙血树

Dracaena deremensis 'warneckii' **龙舌兰科**

植物功效

有效吸收苯、三氯乙烯、二甲苯、甲醛与甲苯

摆放位置

适宜摆放在进门处、客厅、工作间、车库或车库附近

银线龙血树原产于非洲赤道地区,喜欢阴凉、高温潮湿的环境。如果将其室外培植,其生长的最低温度为 10℃。由于美观并具有减轻空气污染的功效,如今越来越多的人喜欢把这种植物放到室内种植。

适合摆放在何处?

该植物适宜摆放在门口、客厅、工作室或车库附近,它能够吸收多种污染气体,新家具含有的甲醛、苯以及三氯乙烯(洗涤剂、活性溶剂、杀虫剂等)、二甲苯(黏合剂、油画、清洁用品等)以及甲苯(防潮材料、地毯、绒头织物等)。

种类

月光竹焦,其绿色叶片两边分别镶嵌着一条细长的白线和一条黄色条纹,是另一种备受欢迎的龙血树品种。

● 适量光照,避免阳光直射

▌ 适宜温度 18~24℃,最低为 10℃

● 不需松土

🫖 少量浇水

🪣 春季换盆

☀ 预防介壳虫及红蜘蛛

形态

室外生长的异味龙血树高度在 1~2 米之间,而室内生长的只有 1~1.5 米。叶片中部有白色条纹。

光照与温度

银线龙血树不喜光线直射,它只需要少量光照,多在阴暗处生长,叶片数量会相对较少。理想位置是朝向东面或西面的窗台,保持温度在 18~24℃,否则叶片会掉落。不要将它摆放在低于 10℃ 的环境。该植物喜阴湿环境,但在短期相对较干燥的环境下也能存活。

浇水与施肥

银线龙血树对水的需求量不大，因此只有在土壤表层干燥后才能再浇水。春季时土壤疏松，更易渗透，适于移盆。生长期施三四次肥。

病虫害

该植物可能会遭受介壳与红蜘蛛的侵害，可用浸湿的棉签将虫子赶走。如果室内温度较低，它的根部也可能会腐烂，在此情况下，应提高室内温度或挪到另一个环境适宜的地方。

小窍门

可以使用湿棉布小心地擦拭叶片，将上面的灰尘擦去。

如果叶片下垂，要为植株竖一根支柱。

如果植株长势过旺，需要在春天剪枝，以期萌发新的分支。

功效 银线龙血树能吸收苯、三氯乙烯、二甲苯、甲醛与甲苯。它宽大的叶片能够增加室内湿度，使室内空气更健康。

三色铁

Dracaena marginata **龙舌兰科**

植物功效

有效吸收二甲苯、苯、甲醛、一氧化碳、三氯化氢、三氯乙烯

摆放位置

适宜摆放在客厅、办公室、厨房、卧室或浴室

这种外来植物易于种植，耐阴，较耐寒，生命力强。因其造型独特，弓形叶片镶有红边，所以备受人们喜爱。

适合摆放在何处？

三色铁具有吸收室内污染气体的功效，可以摆放在室内任何地方：客厅、办公室、卧室、厨房、浴室，只要没有太阳直射就可以。

种类

最常见的品种是五彩千年木，如下图所示。另外还有曲叶龙血树，叶片稍小，叶脉呈红色，边缘为浅黄色而中心为绿色。

- 适度光照,避免强光直射
- 适宜温度为 16~21℃
- 不需松土
- 夏季每天浇水,冬季适当减量
- 每两三年春季换盆一次
- 预防介壳虫病、红蜘蛛

形态

新生的植株从地面抽生出针形的叶条,长达45 厘米,成熟的植株可高达 1.2 米,底部狭小且富有光泽的叶片犹如莲座,围绕着它那纤细的枝干。

光照与温度

叶斑在东向或西向的窗台周围、微弱阴影下呈现的色泽最佳,仅有少量光照的情况下也能存活。其理想温度为 16~21℃,若无穿堂风,即便温度再低一些,龙血树亦可以生存下来。

浇水与施肥

该植物具有表层根系,易干燥,在干热环境下叶片易卷曲，因此应保持表层土壤微湿。冬季适当减少浇水量,但也不能使土壤太干燥。从顶部浇水并在 30 分钟后将托盘内多余水分倒掉。春夏季期间每两周施一次氮肥。对于成熟植物,请选用持久性肥料,从而能在整个生长季为植物提供必要的养分。

病虫害

过多光照会导致叶片灼伤，将灼伤的叶片摘除并将植株挪到阴凉处。如果叶面出现大量褐色枯萎斑块，则代表失水过多。如保持土壤湿润，植物立马能焕发生机。同时摘除枯萎斑过多的叶片。

小窍门

叶片上时常氤氲有水汽是最理想的状态,但较难实现,因此可以每天都洒些温水。

在生长过程中,内部的叶片会逐渐枯萎,小心翼翼地把这些叶片摘除以露出细长的茎部,并使其长出分枝,形似竹子。

功效　三色铁能够有效吸收二甲苯、苯、甲醛、一氧化碳、三氯化氢、三氯乙烯，又加之该植物可承受冬季的干燥天气，因此是室内种植的最佳选择。

长叶刺葵

Phoenix roebelenii **棕榈科**

植物功效

有效吸收甲醛与二甲苯

摆放位置

适宜摆放在门口、客厅、阳台、储藏室或工作间

长叶刺葵也叫做室内棕榈树或矮海枣，围绕着一根或几根树干生长的层层树叶，像一顶皇冠，飘落时犹如羽毛翩翩飞舞。棕榈叶富有光泽，可长至 1 米。

适合摆放在何处？

应满足长叶刺葵对强光、湿度与热量的需求，并充分利用它吸收空气中有害污染物的功效，可以摆放在门口、客厅、阳台或储藏柜旁，但要注意长势旺盛的植株可能占据过多室内空间，从而带来不便。

种类

长叶刺葵是刺葵常见的唯一品种，而海枣树植物却存在 15 种之多，其中加拿利海枣是最常见的品种。

需光照,但避免阳光直射

适宜温度为 16~24℃,冬季最低为 10℃

不需松土

适量浇水

春季换盆

预防红蜘蛛虫

形态

在良好的生长环境下,长叶刺葵可长至 1.5~2 米,但长势较慢。具有异域风情的叶片与优雅的形态使它成为人们所钟爱的植物。在适宜的环境中可存活几十年。

光照与温度

在热带地区以原始植物形态存活,因此适应环境的能力较强。这也是为何室内有些条件难以满足,但它也能存活的原因。总的来说,它需要适量光照但不是直射的阳光。16~24℃最适宜其生长;冬季时注意不要使温度低于 10℃。

浇水与施肥

夏季需保证土壤潮湿，冬季应待表层土壤干燥后再浇水。每周施一次肥，冬季时频率减半。

病虫害

如果生长环境较干燥，可能会出现红蜘蛛危害植株生长。因此需要时常为植株洒些温度适宜的水。

小窍门

只有当根部无法在花盆里继续生长时才换盆,土壤里需含有腐殖质，每年换一次盆即可。

干枯的叶片可以摘掉,注意不要损伤依旧完好的叶片。

功效　长叶刺葵能有效吸收室内的甲醛(每小时吸收 25~30 微克)以及二甲苯(每小时 15 微克)。叶片的呼吸作用还可增加室内空气湿度。

柳叶榕

Ficus maclellandii 'Alii' **桑科**

植物功效

有效吸收甲醛、氨气、二甲苯、苯、三氯化氢、三氯乙烯

摆放位置

适宜摆放在客厅、办公室、厨房、卧室、储物柜附近

柳叶榕是一种新上市的植物品种，但却受到越来越多人的喜爱。20世纪80年代初期，细叶榕比垂叶榕更容易种植。

适合摆放在何处？

柳叶榕易于养植，无需过多照料，却能有效净化空气。可放在客厅、办公室、厨房、卧室、储物柜附近或避风的窗台上。这种植物对新家具以及新装修的房屋具有显著的去污染效果。

种类

柳叶榕是经过人工杂交的新品种。

☀ 需光照

🌡 适宜温度为白天
16~24℃,夜晚
13~20℃

⚙ 不需松土

🪣 适量浇水

🪴 每一两年换一次盆

☀ 病虫害较少,多为介壳
虫和红蜘蛛

形态

柳叶榕可分为三类,分别是正榕、山榕和千根
树,你可以根据摆放位置选择柳叶榕的品种。
刚开始种植时,可能会落叶,但不必担心,它
很快就能适应新环境。

光照与温度

柳叶榕的适宜温度为白天 16~24℃,夜晚
13~20℃。喜光照,但在弱光照条件下也能存
活。

浇水与施肥

适量浇水，待表层土壤变干后再次浇水。若是放在正朝南的房间或光照非常充足的地方，每个月施一次肥即可。如果房间光照不强，那么施肥频率则需要增加。植株尚幼嫩时，一年移盆到常规腐殖土中一次，其他植株每两年移植一次。

病虫害

柳叶榕可能会遭受病虫害，主要是介壳虫和红蜘蛛。可以用浸湿的棉棒将虫子清除。如果叶片变黄，是因为浇水过量，需要等表层土壤变干燥后再重新浇水。

小窍门

如果植株生长过于旺盛，甚至有超越花盆容量的趋势，需要减少施肥量以使根系吸收掉土壤中过多的养分。春季要记得为植株剪枝，防止长出过多分枝。

> **功效**　柳叶榕可以有效吸收甲醛、氨气、二甲苯、苯、三氯化氢、三氯乙烯，从而有助于净化室内空气。

大琴叶榕

Ficus lyrata **桑科**

植物功效

有效吸收甲醛、二甲苯

摆放位置

适宜摆放在门口、客厅、阳台、花园

大琴叶榕因其叶片宽大，色泽如漆，轮廓优美而得名。其原产于热带及亚热带的非洲地区。只要具备充足光照与适宜温度，大琴叶榕在室内与室外均可生长。

适合摆放在何处？

大琴叶榕体积较大，应选择宽敞的地方供其摆放，可放在大厅、阳台、玻璃房、冬季花园及光线充足的客厅等处，以帮助吸收有害气体。

种类

常见的种类有罗汉柴，果实可食用，除了大琴叶榕，室内还可种植金钱榕（印度橡树）、星光垂榕和麦克氏榕。

☀ 需光照，光线直射

🌡 适宜温度为 12~18℃

⚙ 定时适度松土

💧 适量浇水

🪴 每年春季换盘

🐞 预防介壳虫、红蜘蛛

形态

室外生长的大琴叶榕高度可达 12 米，而室内生长的只能长到 2~3 米。茎干直立，极少分枝，叶片密集生长，叶片厚革质、深绿色、具光泽、叶脉凹陷、节间较短。

叶互生，纸质，呈提琴状，故名琴叶榕；叶长可达 40 厘米，宽 20 厘米，浅绿或深绿色；叶缘稍呈波浪状，有光泽，叶柄及叶背面有灰白色茸毛。春季时会开出直径约 3 厘米大小的花朵。

光照与温度

大琴叶榕对光照的需求较高，可以直接放在室外接受光照，但要避风，且尽量少挪动位置，保持 12~18°C 的恒温。冬季可承受 12°C 的低温，但最好不要使温度过低，以防损害植物。

浇水与施肥

夏季每周浇水 1 ~ 2 次，最好是两次，需等表层土壤变干后再进行第二次浇灌。冬季要尽量减少浇水次数和浇水量。夏季应经常给植物喷水。

生长期内要每周施一次肥。春季时要为植株换一个更大些的花盆。

病虫害

环境过于干燥时，大琴叶榕可能被介壳虫或红蜘蛛损害。为预防病虫害，需要保证房间内的湿度适宜，或者在花盆里放些小石头。如果染了虫害，要用浸湿的棉签将虫子小心翼翼地清除，避免损害植株。

功效　大琴叶榕由于叶片宽大而能够有效吸收空气中的污染物质，如甲醛、二甲苯。

花叶垂榕

Ficus benjamina 桑科

植物功效

有效吸收甲醛、二甲苯与氨气

摆放位置

适宜摆放在客厅、阳台、办公室、卧室

最理想的场所是宽敞的现代化居所，可以从各个方位看到它弓形的叶片。花叶垂榕是最常见的室内植物之一，易于种植。

适合摆放在何处？

花叶垂榕可以装饰任何一个房间。植株较小时，可以摆放在卧室、办公室甚至楼梯间的任何一个角落里；而当植株逐渐长大后，可以把它转移到客厅或者阳台。

种类

花叶垂榕的种类繁多，其中小叶榕的叶片又细又长。

☀ 需光照,但夏季应避免光线直射

🌡 适宜温度为 18~21℃,最低为 13℃

⚙ 不需松土

🪣 夏季每 3 天浇一次水,冬季每周一次

🪴 每两年换一次盆

☀ 预防介壳虫病、粉叶病与红蜘蛛

形态

室内生长的花叶垂榕高可达 1.8~2.4 米,树冠广阔,约为 1.2 米。叶片为翠绿色,叶片周围为黄色,长 5~10 厘米,呈椭圆形,像柳叶一样顶长尾尖,依托于弧形茎秆。

光照与温度

光照较强时植株生长旺盛,冬季可承受直射的阳光,但夏季最好避免强烈的阳光直射。放置在朝向南面或西面的房间最为理想。不要把植株放在窗户及门口,因为植株不喜穿堂风。它的适宜温度为 18~21℃,但也能承受13℃的低温。

浇水与施肥

从上往下浇水，每次浇水时都要将腐殖土完全浸透，30分钟后将托盘内多余的水倒掉。待土壤表面干燥后再重新浇水，冬季时土壤干燥的时间要更长一些。这种植物喜水，但如果土壤长期处于潮湿的环境中，根部也会腐烂,这会导致植株死亡。春夏之季,每隔15天要为植株施一次液体肥以促进植株生长。

病虫害

土壤里的害虫,如红蜘蛛和胭脂虫,会啮食叶子吮吸汁液。被虫害咬开的部分形成褐色的洞，这导致植物叶子上形成很多类似大理石的斑纹。这时你需要用浸了烧酒的棉花团抹去胭脂虫。并用生物杀虫剂喷洒植株来消灭所有害虫。

小窍门

春季时将裸露的枝条剪掉以保持植株形态均衡,但裸露的根系不要去掉。

用浸湿的棉布轻轻擦拭叶片上的灰尘。

功效 花叶垂榕能够有效吸收甲醛,这种有害气体通常存在于新材料中(压缩木料制作的家具、油漆、清漆、地板蜡等)、二甲苯(油漆、地板蜡、墨水等)以及维修用品里的氨。

白掌

Spathiphyllum wallisii 天南星科　苞叶芋属

植物功效

有效吸收甲醛、苯、三氯乙烯、二甲苯、氨气与丙酮

摆放位置

适宜摆放在客厅、办公室、厨房、卧室、浴室和工作间

白掌的白色花朵使人联想到海芋，就像在墨绿色的叶片下竖起白色的船帆。味微香，花期从春季开始开到夏末结束，有时在其他季节开放，可持续 2~3 个月。

适合摆放在何处?

白掌可以摆放在客厅、卧室、办公室、车间或者浴室，只要光照充足且空间宽敞就可以了。绿巨人能够大量吸收室内的有害气体。

种类

巨叶大白掌是最大的，高达 60 厘米，具有很大的佛焰苞和最长的叶片。大叶白掌能长到 1 米高，花瓣呈椭圆形，白色，长达 18 厘米。

适度光照, 避免直射

适宜温度为 10~18℃

从春季到夏末可以松土

保持土壤湿润

春季换盆

预防红蜘蛛、蓟马虫

形态

白掌的叶片长约 15 厘米, 宽 10 厘米, 花长达 8 厘米。

光照与温度

白掌喜阴, 在阴凉处可以开花, 但是如果短时间放置在阳光直射的地方, 它也能承受。冬季把植株转移到靠近窗户的地方可以让它的花期提前。18℃ 的温度可以维持它整年的生长, 然而当温度下降到 5~10℃ 的时候, 它就会进入休眠期。这种植物忌穿堂风, 在选择其放置地点是要牢记这一点。

浇水与施肥

不要使土壤完全干燥，尤其是在室温较高的房间里。休眠期只需保持土壤湿润，大量浇水会导致根部腐烂。从底部浇水，表层土 10 厘米内应保持湿润，但要把托盘内的多余水分倒掉。生长期每两周要给花施一些液体肥料。秋季时，减少施肥频率至每月一次，冬季不需要施肥。

病虫害

出现棕色斑点是由于温度过低或土壤水分过多，这时需要改善植株的生长环境，并从底部将腐烂的叶子摘掉。

小窍门

从底部浇水以避免污染花朵影响美观。

> **功效** 白掌有多重功效，它每小时可吸收 10 微克的甲醛，同时也能吸收苯、三氯乙烯、二甲苯、氨气与丙酮，这使得它成为人们青睐的室内植物。

波士顿蕨

Nephrolepis exaltata 'Bostoniensis' 肾蕨科

植物功效

有效吸收甲醛、二甲苯

摆放位置

适宜摆放在客厅、厨房、卧室、浴室

波士顿蕨易于种植,叶片呈簇生披针形,在所有蕨类植物中,这是最抗旱的一种,但只有在潮湿的环境中才会生长旺盛。

适合摆放在何处？

最理想的位置是浴室、厨房等湿度较大的房间，只要光照充足即可。如果你想把它放在客厅或卧室等空气较干燥的房间，就需要按时洒水。

种类

常见品种有"达菲",复叶呈抱拳状,具有银白色的茸毛,展开后茸毛消失,成熟的叶片革质光滑;"普卢莫萨",羽状复叶,主脉明显而居中,侧脉对称地伸向两侧。

☀ 需光照,但避免阳光直射

🌡 适宜温度为 16~21℃,最低为 10℃

⚙ 不需松土

🫖 时常浇水以保证土壤潮湿

🪴 春季换盆

🕷 预防介壳虫与红蜘蛛

形态

蕨叶可长达 1 米多,叶子呈羽片状,小羽片呈两排沿中间叶脉排列。蕨叶从地下根茎发出,蕨叶又可以延伸出很多蔓生的、毛茸茸的匍匐茎,这些匍匐茎定期生根繁殖,由此产生新的植株。

光照与温度

这种蕨类植物在光照充足时会生长旺盛,但要避免阳光直射。它可以在短期内承受柔弱的光线,可以让它每天 8~10 沐浴人工光线,植株必须远离光源至少一米,防止灼伤叶片。波士顿蕨在周围温度适宜的情况下全年都可生长，但温度不能低于 10℃。波士顿蕨生长的理想温度是 16~21℃。

浇水与施肥

要保持土壤长期湿润，在适宜温度下最好用雨水按时浇灌。如果温度较低，就让土壤自己变干些。从顶部浇水并在 30 分钟后将托盘里多余的水分倒掉。每隔 15 天为它施一次流体肥。

病虫害

缺水会导致叶片变灰，生长速度减慢。这时需要多浇几次水。

功效 这种植物是真正的"甲醛净化器"，每小时可吸收 20 微克甲醛。如果你刚刚装修过房子或刚换过新家具，可以在家里摆放几盆波士顿蕨类来净化室内空气。

金伯利女王蕨

Nephrolepis obliterata 肾蕨科

植物功效

有效吸收甲醛与二甲苯

摆放位置

适宜摆放在客厅,厨房,卧室,浴室

这种蕨类植物的颜色鲜亮,叶片边缘呈锯齿状,最早生长在热带地区,处于野生状态。在中纬度地区,相比波士顿蕨和鸟巢蕨而言,爬树蕨要罕见得多,但是这种植物本身具有很多优点。

适合摆放在何处?

室内生长的金伯利女王蕨体型不高,既可以种在悬挂的花盆里,叶片下垂,充满美感,也可以摆放在地上。你可以把它摆放在客厅、厨房、卧室、浴室或者任何一个刚刚装修过的房间,它可以吸收多种混合毒物。

种类

蕨类植物品种繁多:当我们打开房门,我们可以看到波士顿蕨、高大肾蕨、迷你皱叶肾蕨,这种室内迷你肾蕨的蕨叶不足 10 厘米,还有鸟巢蕨,也叫台湾山苏花。

适当的光照,避免直射

白天的适宜温度为
18~24℃,夜晚为
10~18℃

不需松土

每周浇水一两次

每年换盆一次

预防介壳虫、蚜虫、红
蜘蛛虫害

形态

在良好的生长条件下,蕨叶的高度,宽度均可
达 1 米多。与其近亲波士顿蕨不同的是,该
植物对湿度的要求并不高,因而更易于养殖。
其鲜绿色的叶片团团垂落在花盆四周。

光照与温度

该植物需种植在避光处，如果你将它摆放在窗台上，需要选择朝向北面的地方。在任何环境中都不能接受太阳光直射，否则植株会死亡。

白天室内温度为 18~24℃，夜晚为 10~18℃ 最适宜植株生长。

浇水与施肥

尽管该植物对水的需求比波士顿蕨类要少，但也需要按时浇水，不要使表层土变得过于干燥，每月需为植株洒一次水，如果生长环境较干热或在火炉旁边摆放，就需要浇两次水。

生长期内要为植株施一些液体肥，每年为其换一次花盆。

病虫害

如果空气过于干燥，寄生虫就会侵害植株。为预防病虫害并预防新一轮感染的发生，需要定时为植株洒水。

功效 该植物能够有效吸收甲醛与二甲苯。

鸟巢蕨

Asplenium nidus **铁角蕨科**

植物功效

有效吸收甲醛与氨气

摆放位置

适宜摆放在客厅、厨房、卧室与浴室

这种蕨类植物的外观与波士顿蕨以及金伯利皇后蕨完全不同:叶片很长、呈漏斗状、光滑、叶片边缘不呈锯齿状。原产于热带地区,以野生状态生长在土壤里或者树木间。

适合摆放在何处

鸟巢蕨对环境的要求不高,可以放置在客厅、厨房或者浴室,靠近东西朝向的窗台。鸟巢蕨本身没有危害性,可以放置在卧室内。你最好把它放置在家具上,避免穿堂风的侵害。

种类

在众多的铁角蕨科植物中,我们列举出大叶铁角蕨和萝卜蕨,季末时它们叶表会长出株芽。

中度光照,避免太阳光
直射

适宜温度为 18~22℃,
最低为 11℃

不需松土

夏季大量浇水

根系长出花盆时需要
换盆

预防介壳虫病

形态

在自然环境中生长的鸟巢蕨喜潮湿，避免阳
光直射,可长至 1.5 米高。室内生长的鸟巢蕨
可高达到 0.5~1 米。蕨叶宽大、翠绿色、有光
泽、中间叶脉呈红棕色,形成莲座叶丛,形似
漏斗。

光照与温度

鸟巢蕨在接受阳光照射的情况下生长会更旺
盛,但要避免直射阳光。保持温度在 18~22℃

之间,不要低于 11°C。

浇水与施肥

与所有蕨类植物一样,鸟巢蕨同样需要潮湿的生长环境,不要把它放在太干燥的环境中,但也不要把它放在布满潮湿砾石的托盘上。要经常用温度适宜的水来喷洒,生长期时要用充足水来浇灌植株,休眠期内要适当减少浇水量。

生长期内需要为植株施肥 3~4 次,根系长出花盆时要更换花盆。如果根系和花盆附着在一起,就要把花盆打碎以免损害根系发育。你需要选择通风的酸性腐殖土,这样便于排水。

病虫害

介壳虫会危害植株生长。你需要用湿棉布将害虫抹去,然后在 10 月份至次年春季再进行一次预防性治疗。

小窍门

在把植物移进大盆的时候,你可以在盆里放入腐殖土及腐烂叶子的混合物。

将枯萎的黄叶剪掉,它们破坏了植株的美观。

> **功效** 鸟巢蕨能有效吸收甲醛与氨气。植株越大,清洁作用越明显。要经常用浸湿的棉布擦拭叶片。

137

非洲菊

Gerbera jamesonii 菊科　大丁草属

植物功效

有效消除苯、三氯乙烯、甲苯、一氧化碳

摆放位置

适宜摆放在门口、客厅、卧室

非洲菊因其雏菊形状的彩色花朵而受到高度评价，这种畏寒的多年生草本植物是最受青睐的室内夏季植物之一。花瓣有橙红色、白色、火红色、黄色和橘黄色。如果能够按照规则浇水的话，非洲菊是很好栽培的。

适合摆放在何处？

非洲菊可以摆放在卧室的窗台内侧，也可摆放在房间或者门厅的桌上，只要光照充足即可。非洲菊本身安全无害，也可以摆放在孩子的房间里。

种类

名叫"幸福"的非菊花柄长约 25 厘米，它和名为"检阅"的品种一样都是很袖珍的，易于栽培。

138

☀ 需要光照,每天接受光照 3~4 小时

🌡 适宜温度为 10~21℃

✳ 夏季松土

🜷 适量浇水,保证土壤潮湿

🪴 勿换盆

🐞 预防白粉虱和蚜虫

形态

非洲菊的叶子呈簇状,叶背面浅裂并有绒毛,叶间浮现五六朵直径为 5~8 厘米的花朵,这些花朵依靠茁壮的肉柄支撑。盆栽非洲菊高约 30 厘米。

光照与温度

该植物需要充足的光照,每天应接受太阳直射 3~4 个小时,平均温度应在 10~21℃之间。如果将其放在高温环境中,就要为它提供一个好的通风条件。

浇水与施肥

非洲菊应养在较深的花盆里，在春秋季时保证土壤一直处于湿润的状态，冬季的需水量减少。用浸盆法浇水，并在 10 分钟后将托盘里多余的水倒掉。开花期间要为其施一些钾肥。

病虫害

白粉虱，又叫做白蝇，是一种吸食植物汁液的害虫，它可以散发出一种黏性树蜜来捕捉其他入侵者。当然，这造成的结果是不太美观的。如果只是轻度病虫害，可以用生物杀虫剂来处理。同时你需要清理叶子，并将发病严重的叶子去除掉，然后用杀虫剂喷洒植株。

浇水不规律和营养不良都会导致叶片发黄。你需要保证浇水施肥的用量和次数，最好使用见效快的叶肥。你需要用水将叶肥稀释，然后用喷壶将稀释之后的肥料喷洒在植株上，你要严格遵循包装上的说明。

功效 这种植物不仅美观，而且具有很强的去污染能力，可有效吸收苯、三氯乙烯、甲苯、一氧化碳。因此可以把非洲菊摆放在你的房间里。

小窍门

如果摆放植株的房间内温度较高，空气较干燥，需要时常往枝叶上洒水保持湿润。

随时将开谢的花朵摘掉，以防影响美观。

非洲菊是一年生植物，因此花期过后即可将植株遗弃。

长寿花

Kalanchoe blossfeldiana 景天科　伽蓝菜属

植物功效

有效抵御电磁波的植物

摆放位置

室内放置，可放在客厅、办公室、卧室。

长寿花的叶子为绿色齿状，其花呈鲜艳的红色管状，开于隆冬至正春。而其出色的杂交品种有其他颜色并可全年开花。

适合摆放在何处？

可将长寿花放置在避风且有阳光照射的窗台边，或者恒温的地方，办公室、客厅或卧室等的电脑、电视机旁。

种类

栽培品种多种多样，有开粉色花的"依恋"；开有鲜艳的橘黄色花朵的"如意"等。

需要阳光直射(夏天除外)

低于 15℃

花期:隆冬至翌年春季

适量浇水

每年换盆

预防介壳虫

形态

这个生命力极强的灌木丛可高达 30 厘米,当然也可以轻松地找到株高 15 厘米左右的品种。花通常呈密集的圆锥聚伞状。

光线与温度

为了花蕾顺利绽放,该植物需要在 4~6 周内每天至少接受 8~10 小时的日照。长寿花喜温喜阳,所以春天至秋天其最理想的放置位置是朝东或朝西的窗台,在冬季,朝南为最佳。请选择一个 15℃以上的空气流通性较好的房间。但请切记长寿花对穿堂风和温度的变化很敏感。

浇水与施肥

在生长期不可浇水过多，从上方或从根部浇一处即可。注意不要把土壤浇得过于湿润，并保持良好的排水。该植物在萌芽时期可以承受更加干燥的环境。花期后要减少浇水，但千万不能让土壤完全干掉。

在茂盛的生长期和花期，每 3 星期浇一次液体肥料。

病虫害

浇水过多可能引起叶子的过度生长，从而叶子易腐烂，并可能遭受各种虫害的威胁。在这种情况下，让植物自行干燥并重新生长，然后修剪嫩枝成灌木丛状，叶子为正常大小。

介壳虫会在叶腋上留下白色绒毛状沉淀物。用沾有酒精的棉球擦去害虫，并浇以生物杀虫剂消灭其虫卵和幼虫。

小窍门

在浇水时避免弄湿叶子，且不要对植物喷洒，因为潮湿的环境对其健康和生长都有害。硕大的圆锥花序花期可达数月，当发现枯萎的花朵时要立即修剪掉。

功效　长寿花是一种非常顽强的植物，很少的照料即可成活。而且具有吸收一些室内污染物的特别功效，如电磁波。

荷威椰子

Howea forsteriana **棕榈科**

植物功效

有效吸收苯、乙烷

摆放位置

可放置在玄关、客厅、车库旁

这种茁壮优雅的植物非常容易养活。墨绿色的羽状树叶从树干处优美地分散开来。成年植株可结黄绿色果实，但在温室盆栽中这种收获果实的机会很少。

适合摆放在何处?

考虑到其高大茁壮的外形，荷威椰子应放在宽敞的房间内：玄关或面积较大的客厅。请将它放在房间的角落里，免得占据过多的空间。

种类

有时很难区分荷威椰子和富贵椰子这两个品种，我们经常会混淆二者。

半阴凉,不可太阳直射

平常 15℃,冬季至少 10℃

不开花

春夏季多浇水

可能的话,每 3 年换一次盆

预防红蜘蛛

形态

在室内,荷威椰子可长至 2.4 米高,1.8 米宽。然而这需要好几年的光景,因为这是种慢速生长的植物。

光线与温度

荷威椰子可以在非常阴凉的环境下存活,但只有在半阴凉、无太阳直射的情况下才能长出嫩枝。它在 15℃ 的恒温下可以茂盛生长,在冬季,最低不能低于 10℃。这种植物还讨厌阴冷的穿堂风。

浇水与施肥

它需要良好的排水,而且决不能让它浸水。我们建议加点沙在花盆的土壤中。在春夏季节请大量地浇水，保持土壤持续湿润；在冬季，请降低湿润度，从上方浇水，并在 30 分钟后将托盘里多余的水倒出。在春季和夏季，每半个月给这个室内盆栽浇一次液体肥料。

病虫害

阳光直射和干燥的气候会使叶子变成褐色，然而过度浇水则会使整个植株变成褐色，低处的树叶会自然枯萎。当你发现植株整体都有所枯萎也不要担心。此时，请将盆栽搬移到阴凉处并有规律地进行喷水。然后让植物自行干燥，并减少浇水。

浇水不足会使叶片发黄。将花盆放到盛满水的容器中，直到土壤表面不再形成气泡时搬出。这个过程可能持续 10~20 分钟，在把花盆重新移回前要将多余的水沥干。

小窍门

如果植物放置在有中央供暖的房间内，请经常喷洒树叶。

请经常用湿海绵清洁树叶，否则气孔会被堵住，植物也会不舒服。

远离发光体。

功效 荷威椰子能有效吸收苯，特别是来自清洁产品和不同环境中的香味。同时它具有吸收汽油蒸汽中乙烷的功能。如果你家的玄关宽敞并靠近车库，那么接下来你知道做什么啦！

金边虎尾兰

Sansevieria tyifasciata 龙舌兰科

植物功效

有效吸收甲醛、苯、二甲苯、甲苯、三氯乙烯

摆放位置

可放置在客厅、办公室、厨房、卧室、车库

这种植物生命力很强,它可以遍地生长,不需要任何照料。其厚实的叶子给其他的植物提供了绝佳的背景。在良好的环境下,春日和初夏还能绽放出香气四溢的小黄花。

适合摆放在何处?

虎尾兰是一种坚韧不拔的植物,它可以在极端环境下生存,因而你可以把它放在客厅、办公室、厨房、卧室甚至是车库或车间。你同样也可以把它放置在阳台的内侧或房间的一隅。

种类

这里所介绍的种类,金边虎尾兰,它的叶缘有黄色镶边,是最小的品种。在其他颜色的种类中,如金边短叶虎尾兰,能长出 15 厘米高的玫瑰型花结。该花结由叶缘是乳白色的叶子和中间一串小黄花组成。 短叶虎尾兰,长有浅绿色的大叶子,叶缘镶有深色细线。

☀ 适度光照

🌡 适宜温度为 10℃

✹ 春夏季开花

🛆 适量浇水

🪣 春季换盆

🕷 预防介壳虫

形态

金边虎尾兰主要是观叶，叶片由绿白黄三色组合而成，即叶片边缘为黄色宽边，故名为金边虎尾兰。叶中为绿白横纹，水波形相间。虎尾兰虽也能开出白色或绿白色筒状的花，但不美观。所以主要作为中型盆栽观叶用。

光照与温度

喜半阴环境，10°C 左右的温度最适宜，抗风，可摆放在窗台。

浇水与施肥

春季至秋季要适量浇水，因虎尾兰可经受长时间的无水环境，故待腐殖土干燥后再进行第二次浇水。冬季，保持土壤湿润即可，不要让水积聚在莲座叶丛中间。从上部开始浇水，并在 30 分钟后将托盘内多余的水排出。
生长期内每个月为绿色植株施一次叶肥。

病虫害

浇水量过多，尤其是在冬季，可能会导致叶片发黄甚至枯萎。如果发生这种情况，请把黄叶摘掉，同时要保持腐殖土处于干燥状态，并将植株移至温暖、光线充足的地方。
低温可造成叶片底部腐烂，在接近零度时虎尾兰就会出现这种情况。此时你需要把植株转移到更加温暖的地方，并剪掉冻伤的叶片。

小窍门

虎尾兰生命力顽强，你在假期外出时无需挂心，即便无人照料，它同样可以正常生长。

> **功效** 该植物能有效吸收苯、甲醛、二甲苯、甲苯和三氯乙烯。即使它形态细长、能抵御恶劣的生存环境，但也请你把它放在房间里，这样他就可以存活很多年了。

常春藤

***Hedera helix* 五加科**

植物功效

有效吸收甲醛、苯、甲苯、二甲苯、三氯乙烯

摆放位置

适宜放置在客厅、办公室、卧室、厨房、浴室、工作间

常春藤可用做各种装饰，可悬挂种植也可放入器皿中栽培，也可让其沿墙或者栅栏生长，它可以为其他植物提供一个优美的装饰背景。常春藤便于培植，只要房间温度不高即可。

适合摆放在何处？

常春藤在大部分房间里都可以健康生长，因为它既可以承受直射光线也可承受散射光线。它能够吸收新家具所散发出的有害气体，适宜摆放在新家具旁边，也可放置在新装修过的房间里。

种类

常春藤多达几百个品种。比如"芝加哥常春藤"，体型适中、绿色叶片；"杂色芝加哥常春藤"，叶缘为乳白色；"小钻石"，叶片呈菱形、灰色和绿色相间；"箭叶常春藤"，叶片呈箭头状，绿色和淡黄色相间。

● 适度光照,但不能接受
　太阳光直射

🌡 适宜温度为 0~8℃

✿ 无花期

🫖 夏季每周浇水三四次,
　冬季每周一次

🪴 春季换盆

🕷 预防介壳虫、红蜘蛛

形态

花枝上的叶呈椭圆状卵形或椭圆状披针形,
先端长尖,基部楔形,全缘。植株可长至 6 米
高、5 米宽,但室内养殖只能长至 2.4 米高、1.5
米宽。

光照与温度

常春藤在光照充足的环境中生长旺盛,需避
免阳光直射,同时需远离取暖设备。常春藤
对温度的适应性较强,0~18℃皆可,但也无法
忍受较大的温差变化。它也可承受穿堂风。
大部分常春藤在冬季都会进入休眠期,如有
必要,你可以把它从有暖气的房间里拿出来,

这样可以尽量减慢它的生长速度。

浇水与施肥

生长期内应适度浇水，待腐殖土稍微干燥之后方可进行第二次浇水。在冬季气温较低的情况下，必须减少浇水量。从植物上部开始浇水，约 30 分钟后将托盘里多余的水排空。春夏季节，每隔两周为常青藤施一次液体肥。

病虫害

缺水或者空气过于干燥都会导致叶片枯萎。如若发生这种情况，你需要每天用水喷洒植株，水温要和室温相同，并把植株转移到更加凉爽的地方。保持腐殖土处于潮湿状态，尤其是在夏季。

功效 最好将植株放置在室内，它可以有效吸收甲醛、苯（房间里的常春藤可每天 24 小时吸收 90%的苯）、甲苯、二甲苯和三氯乙烯。

小窍门

叶片褪色表示常春藤受到红蜘蛛的侵害。你可以在嫩芽和叶腋处找到虫子生存的痕迹。需要改善空气湿度，并使用生物杀虫剂来医治植株。

竹芋

Maranta leuconeura 竹芋科

植物功效

有效吸收甲醛

摆放位置

适宜摆放在门口、客厅、卧室、办公室、新装修过的房间

竹芋起源于赤道的原始森林里，因其叶片在晚上会自行合拢，像是祈福时双手合拢，又像是睡眠的植物一样，因此也被叫做"祈福树"、"宗教树"或者"睡眠树"。

适合摆放在何处？

你可以把竹芋摆放在客厅、卧室或门厅的小圆桌上。无论是在家中还是在办公室它都可以用来装饰你的办公桌。如果你将把放置在刚装修过的房间里或者是新家具旁边，它可以有效地净化空气。

种类

下面介绍两种较常见的品种："花叶竹芋"，叶片上有红色斑纹；"竹芋"，又名"箭羽竹芋"，人们种植箭羽竹芋通常是为了取其根状茎。

☀ 适量光照,不可接受太
阳直射

🌡 白天适宜温度为
21~27℃,夜晚为
16~21℃

⚙ 无花期

🪣 春夏季每周浇水两次,
冬季每周一次

🪴 每两年换一次盆

🐞 预防介壳虫、红蜘蛛

形态

竹芋体态娇小,高 20~40 厘米,有分期生长的
趋势。叶片长而尖,纹理为白色或红色,点缀
有带绿色或深绿色条班。竹芋生长缓慢,但
整个生长季节都会有新的嫩芽发出。

光照与温度

竹芋在光照适宜的情况下生长旺盛,但是应
避免阳光直射。野生竹芋生长在热带树下灌
木丛里。这个拥有多色叶片的植物不需要太
充足的阳光。白天温度应该保持在 21~27℃,

夜间温度应该保持在 16~21℃。

浇水与施肥

春夏季以及生长期内每隔 3 天浇一次水，冬季，每周浇一次水，要时刻保持植株底部潮湿。经常用水喷洒植株。春夏季每隔 15 天给植株施一次肥。

植株刚买来时需要放置在绿色植物专用腐殖土里，之后每隔两年更换一次腐殖土。更换腐殖土时要谨防损伤根系，竹芋的大部分根系是生长在表面的。

病虫害

竹芋经常受到红蜘蛛或者介壳虫的侵害，你可以用浸过水的棉絮把害虫抹去，然后用生物杀虫剂喷洒植株，并确保其他植物的安全。叶片变成棕色意味着竹芋的生长环境温度太高，降低供暖设备的温度或者把竹芋移到别处是最好的方法。

功效 竹芋可以吸收环境中的部分甲醛，并可用来检查空气湿度。如果叶片卷起，则意味着空气过于干燥，这时就要降低供暖设备的温度或者在散热装置上安装一个装满水的湿度调节器。

小窍门

可用小剪刀将黄色枯萎的叶子剪掉。

换盆时最好选择较宽而不是较高的盆，以满足根部生长。

石斛兰

Dendrobium sp.兰科

植物功效

有效吸收一氧化碳

摆放位置

适宜摆放在客厅、卧室

石斛兰是一种形态优雅的室内观赏植物，可以让人的精神得到放松。原产自澳大利亚、亚洲和新西兰，在环境适宜的情况下宜于养殖。

适合摆放在何处?

这种兰科植物可以摆放在阳光充足的窗台（避北风）、客厅甚至是卧室,只要光线充足即可。

种类

石斛兰有 1500 多个品种，其中有流苏石斛,开橘黄色花朵;檀香石斛,开淡紫色花朵;金叉石斛,开白色、淡粉色、红色花朵;球花石斛,开白色、黄色花朵。

适量光照

冬季适宜温度为
13~18℃,夏季为
16~24℃

冬春节开花

夏季应大量浇水,冬季
减量

每两三年换一次盆

预防蚜虫、红蜘蛛

形态

野生石斛兰生长在树间,但不吸取树的汁液,因此这是一种附生植物而不是寄生植物。兰科植物包括 1000 多个品种,石斛属于兰科植物。

石斛兰的花朵很漂亮,一般呈白色或者紫色,但是花朵很小, 很多花朵盛开在同一个枝杈上。

光照与温度

石斛兰需要光照,并可接受太阳光直射。它所适宜的理想温度与我们平常的室温接近,冬季 13~18℃，夏季 16~24℃。

浇水与施肥

夏季需要大量浇水，冬季也要适量浇水，以防止球茎枯萎。经常用水喷洒植株，尤其是在夏季，避免植株干燥。你需要经常为植株施肥，在养护条件和生长环境良好的情况下，石斛兰的生长是惊人的。

刚买来的石斛兰需要重新更换花盆，通常情况下附带花盆中的腐殖土质量不佳。此后每两三年更换一次花盆，避免植物下部变形以及根系死亡。应在花盆底部放一些黏土和松树皮，可以增加根部湿度。

病虫害

空气过于干燥时，石斛兰容易受到成群的蚜虫或红蜘蛛的侵害，因此要经常喷洒植株。浇水过多会滋生真菌，因此避免让腐殖土长期浸泡在水中。

功效 石斛兰可以大量吸收一氧化碳，并可在夜间释放氧气，是理想的室内植物。

165

散尾葵

Chrysalidocarpus lutescens 棕榈科

植物功效

有效吸收甲醛、二甲苯、苯、甲苯

摆放位置

适宜摆放在客厅、办公室、厨房、浴室

散尾葵来源于马达加斯加岛的原始丛林，因其颇具异域风情的形态和易于种植的习性而成为人们喜爱的室内植物。此外，它的叶片能有效吸收空气中的有害物质，并能增加空气湿度。

适合摆放在何处？

散尾葵是装饰客厅与办公室的理想植物，你也可以把它摆放在厨房或浴室，只要保证适宜的空气湿度与室内温度即可。

种类

在所有散尾葵属植物中，散尾葵是唯一可以室内养殖的品种。

适度光照,不可接受光线直射

适宜温度为 18~24℃,最低为 13℃

春季可松土

夏季每周浇水两次,冬季适当减量

每三四年换一次盆

预防红蜘蛛、蓟马

形态

叶片细长,鲜绿色,叶尖向内微弯,室内种植的植株高可至 1.8 米。在自然环境中生长的植株可达 12 米之高。幼株占空间较少,但随着年龄增加,占用的空间也越来越大。

光照与温度

散尾葵需要适度的强光,避免阳光直射。应远离所有发热源,否则新生的枝叶会干枯。你可以将植株放在南向窗台附近,也可放在玻璃房里,如果你拥有天花板及四壁都是玻璃的阳台的话,也可将散尾葵放置在这种阳台上。在后者的条件下,散尾葵也会在春季开花。

保持室内温度在 18~24°C 之间，温度不能低于 13°C，否则植株会萎蔫。

浇水与施肥

保持腐殖土潮湿，夏季每周浇水 2 次，随着白天时间变短，浇水量也要适当减少。散尾葵喜湿，应按时喷洒植株，缺水会导致叶片发黄和病虫害。

除了冬季以外，每个月给散尾葵施肥一次。

病虫害

空气过于干燥的情况下，散尾葵容易受到红蜘蛛的侵害，此时叶片呈银色。受蓟马侵害的植株会出现银色病灶。如果叶片上布满棕色斑点，原因可能是植株底部太湿了，在下次浇水之前让腐殖土自行干燥。

小窍门

不要随便擦拭叶片，最好是小心翼翼地为植株洒些水。

功效 散尾葵能大量吸收空气中的甲醛、二甲苯、苯和乙醛等有害气体。叶片的呼吸作用还能够增加空气湿度。

夏威夷椰子

Chamaedorea seifrizii 棕榈科

 植物功效

有效吸收苯、三氯乙烯、甲醛与二甲苯

 摆放位置

适宜摆放在客厅、卧室、工作间、换衣间以及储物柜旁边

又名雪佛里椰子，该植株来源于墨西哥热带丛林，但与其他许多棕榈科的植物一样，在温带地区的室内同样可以存活。它的形态具有异域风情，同时它还有净化室内空气的功效。

适合摆放在何处？

夏威夷椰子无论摆放在哪里都可以自由生长。因具有消除污染的功效而通常放在工作间、换衣间以及储物柜旁边。也可以放在客厅或卧室，但要经常喷水。

种类

该品种与矮琼棕相似。这两个品种都具有消除污染的功效，且不需要特殊照料。

● 适度光照,但不能接受
阳光直射

┃ 适宜温度为 16~24℃,
冬季最低温度为 10℃

✿ 春季松土

🖤 经常浇水,保持土壤湿
润

🪣 每四五年换一次盆

☀ 预防介壳虫和红蜘蛛

形态

夏威夷椰子的形态酷似竹子,因此又名竹节
椰子。从枝干底部往上长嫩芽,但生长速度
较慢,最高可达 1.8 米。

光照与温度

在树下灌木丛中以原始状态生长的植株,需
要适度光照,但要避免太阳直射。理想温度
为 16~24℃,冬季时不要使温度低于 10℃。

浇水与施肥

这种热带植物喜湿，尤其是在冬季室内空气干燥时，要记得按时为植株洒水，生长期要大量浇水。冬季时要保证土壤湿润。

夏威夷椰子对养分要求不高，因此只需在土壤表层撒一层腐殖质即可。

病虫害

与散尾葵相比，夏威夷椰子很少遭受病虫害，这也是其成为室内装饰植物的因素之一。

如果植株上有红蜘蛛或介壳虫，可能是由于空气过于干燥。这时要用浸湿的棉签将害虫拨掉，确定其他枝叶未遭受虫害。

小窍门
在适宜的环境中，春季时植株会开花。

> **功效** 夏威夷椰子能有效吸收苯（泄露的天然气）、三氯乙烯、甲醛和二甲苯。又由于它的呼吸作用较强，可以增加空气湿度。

袖珍椰子

Chamaedorea elegans **棕榈科**

植物功效

有效吸收甲醛、二甲苯、苯、三氯乙烯和氨气

摆放位置

适宜摆放在门口、客厅、办公室、厨房、卧室和浴室

袖珍椰子是最广泛的一种室内种植品种。如果光照充足,幼株也会开出黄色小花,并可开放到植株老化。

适合摆放在何处?

可以摆放在厨房或浴室,这些地方湿度较大,适于植株生长;也可以放在门口、客厅、办公室或卧室,这些地方需要每日浇水。

种类

袖珍椰子在市场上出售时通常被叫做观音竹。

適度光照,但避免强光直射

適宜温度为 16℃,最低为 13℃

种植几年后会开出黄色花朵

生长期要大量浇水

每年春季为幼株换盆

预防介壳虫、蚜虫和红蜘蛛

形态

袖珍椰子生长相对缓慢，而成年植株可长至 3 米高,有一个直径为 45 厘米顶生簇。叶片呈弧形,羽状,长约 0.6~1 米,直立的茎秆支撑着叶片,形似竹子。叶片上有复叶,从茁壮的中间叶脉生出。

光照与温度

袖珍椰子喜温暖和半阴环境，中午应避免阳光直射。忌穿堂风。适宜放置在日夜气温均为 13℃的房间里。当其进入生长期时，需要更温暖一些的环境,此时理想温度为 16℃。

浇水与施肥

生长期应大量浇水，但冬季时浇水量要适当减少，只需达到土壤潮湿的程度即可。浇水时从上往下浇,并在 30 分钟后将托盘内多余的水分倒掉。一定不要让植株长期浸泡在水中,否则根部会腐烂。

春季至夏末期间，每 2~3 周为植物施一次肥以促进生长。

病虫害

过渡浇水会导致叶片变成棕色，衰老的叶片在落下之前也会自然地变成棕色。如果问题和浇水有关,请剪去受损叶片,等植株自行干燥后再进行下一次浇水。

功效 袖珍椰子易于种植,生命力强,可大量吸收室内的有害气体,如甲醛、二甲苯、苯、三氯乙烯和氨气。

吊兰

Chlorophytum comosum 百合科

植物功效

有效吸收甲醛、一氧化碳、甲苯、苯与二甲苯

摆放位置

适宜摆放在门口、客厅、厨房

吊兰生长迅速,易于照理,且非常美观。茎顶端簇生的叶片,由盆沿向外下垂,随风飘动,形似展翅跳跃的仙鹤。故吊兰古有"折鹤兰"之称。

适合摆放在何处?

吊兰生长迅速,易于照理,深受人们喜爱。人们种植吊兰是因为喜爱它的枝叶,枝叶上孕育着胚芽和白色的花朵。吊兰是最具质朴气息的室内植物之一,具有很强的适应性。

种类

于此处介绍的银心吊兰相近,中斑吊兰的绿色叶片上有乳白色条纹。

☀ 需光照,避免太阳光直射

🌡 适宜温度为 10~15℃,最低为 4℃

✹ 春夏季开花

💧 夏季浇水充足,冬季减量

🪴 植株长出花盆时需要换盆

🦠 预防介壳虫、蚜虫、红蜘蛛

形态

成年吊兰有莲座叶丛,叶片呈弧形,有绿色和白色条纹,可长达 45 厘米。春夏季开花,花朵直径为 1~2 厘米;呈束状,并伴有细小萌芽,萌芽压在茎秆上并使茎秆弯曲。

光照与温度

吊兰喜强光,避免阳光直射。可承受 4℃的低温和阴凉,如被放置在配有暖气的房间,并且空气湿度不足的话,对吊兰的生长很不利。吊兰生长的理想适温是 15~25℃。

吊兰忌穿堂风。如果被长时间放置在阴凉环

境中,吊兰的彩色花斑会失去光彩。

浇水与施肥

春夏季,当吊兰处于生长期并萌发嫩芽时,需大量浇水,但是须待腐殖土自行干燥后再进行第二次浇水。冬季应减少浇水次数,在低温时要保持腐殖土干燥。请从植株上部开始浇水,约30分钟后把托盘里多余的水排出。在夏末时,每隔15天给绿色植株施一次液体肥。

病虫害

在营养不良的情况下,叶片边缘会迅速变成棕色,这严重影响植物的美观并减慢植物生长速度。

如果在凉爽的生长条件下浇水过渡,植物中间的叶片就会变成棕色并变得黏稠。请剪去受损枝叶,待腐殖土表面自行干燥后再进行第二次浇水。

当温度过高、光线不足时,叶片会变得松软褪色。你需要把植株转移至光照充足的地方,但是温度不要超过15℃。

功效 吊兰不仅可以吸收大量甲醛(每小时7微克),还可以吸收一氧化碳、乙烯、苯和二甲苯。

龟背竹

Monstera deliciosa **天南星科**

植物功效

有效吸收甲醛、一氧化碳

摆放位置

适宜摆放在大厅、客厅或画室

龟背竹之一种很常见并易于种植的植物，叶片为深绿色、幼叶呈心形，之后变成带穿孔的分裂叶。植株成年后，会开出一种叫做"百合"的花朵，随后会结出绿色坚硬的果实，可食用，被人们叫做"面包树的果实"。

适合摆放在何处？

最好摆放在宽敞的房间里，如大厅、画室、客厅，但要避风。

种类

龟背竹在很长一段时间内被称为穿孔喜林芋，这个名字至今仍被很多人采用。白班龟背竹的叶片为绿色和乳白色相间。人们常把龟背竹和春羽混淆。

● 需适量光照,但要避免
　太阳光直射

❘ 适宜温度为 18~21℃,
　最低为 10℃

❂ 很少开花

⛴ 经常浇水保持土壤湿
　润

🪣 每两三年换一次花盆

✹ 病虫害较少

形态

室内种植的植株平均高为 3 米。因枝叶较长,
故需要较大体积的花盆。

光线与温度

龟背竹在半阴条件下生长旺盛,也可承受强
烈的光线,只要避免阳光直射即可。龟背竹
最理想的生长温度为 18~21℃,在 10℃的低
温下亦可生存。足够的热量可以让其枝繁叶
茂、弯曲下垂。在更加凉爽的温度下生长的

龟背竹，其枝叶有更强的抵抗力。

浇水与施肥

一年四季都要保持土壤处于轻微潮湿的状态，但是不能让土壤浸水。在浇灌间隙，不要让土壤完全干燥。从植株上部开始浇水约30分钟后把托盘中多余的水排出。在生长期内，每隔15天给植株施一次叶肥。

病虫害

如果叶片边缘变成棕色或者出现颜色暗沉的区域，这就意味着气温过低或者空气过于干燥。这时你只需改善种植条件即可，植物会很快自己恢复。

缺少光线、寒冷的穿堂风、浇水不足和营养不良都会导致植物顶部叶片生长缓慢，生长缓慢的叶片没有穿孔。要注意的是：嫩叶没有穿孔属于正常现象。不要裁剪掉气根，气根会给上部的枝叶提供生长所需的湿度。

小窍门

如果房间有暖气的话，请你经常用水喷洒树叶，如果你有一个长满青苔的护苗棍的话，请每天用温水喷洒护苗棍使其保持湿润状态。如果你想让植株长得更高、叶片更大的话，请细心照料气根。把下部的气根固定在腐殖土里，其他气根固定在长满青苔的护苗棍上。如果你把气根剪掉的话，叶片会变得更小。

> **功效** 龟背竹的叶子有极强的氧合作用。它还可吸收香烟中的有害气体。

春羽

Philodendron selloum 或 *philodendron bipinnatifidum* **天南星科**

植物功效

有效吸收甲醛

摆放位置

适宜摆放在门口、客厅、办公室、卧室、食物储藏室

即便你的公寓光照不足，你也要种植这种美丽的植物，因为它的去污染能力太好了。原产自巴西的热带雨林，习惯阴凉的环境，可以在阴暗的房间里生长的很好。

适合摆放在何处？

春羽可以摆放在门厅、客厅、办公室、卧室，也可摆放在新买的或者刚打过蜡的家具或桌子上。它可以吸收空气中的有害气体。如果你的食物储藏室或者车库足够温暖潮湿，你也可以把春羽摆放在那里，因为即使缺少光线它也可以生长得很好。

种类

喜林芋属有七百多个品种，其中去污作用明显的室内植物有心叶蔓绿绒、红宝石喜林芋和蓬莱蕉。

● 适度光照,不能接受太
阳光直射

↓ 适宜温度为
15℃~25℃

❋ 无花期

🜄 夏季大量浇水,冬季减
量

🜨 每两三年换一次盆

❉ 预防介壳虫、叶枯病

形态

春羽体态娇小,茎强而有力。叶直立、浓绿而
有光泽、呈粗大的羽状深裂。春羽可快速长
至 1 米高,叶片幅度大,在购买前请选择好摆
放地点。

光照与温度

该植物不需要光照, 喜阴, 在阴暗处生长较
快。避免阳光直射,远离人工热源,比如散热
装置,这会导致植株干枯。
请将温度保持在 15~25℃。不要让温度低于
15℃,低温会损害春羽的健康。

浇水与施肥

夏季要大量浇水，冬季适当减少浇水次数和水量。在任何情况下都要保持根部湿润。春羽喜湿，记得经常用水喷洒植株。经常喷水不仅可以保持叶片的绿色，还可以预防病虫害，弱小的植物容易受到寄生虫的侵害。春季至秋季，每月给绿色植物施一次肥。

病虫害

胭脂虫会侵害春羽并吸食它的汁液，用浸湿的棉絮把害虫抹去，经常给植株喷水并密切关注其他植物。

叶片枯萎可能是由根部腐烂造成的，而根部腐烂则是浇水过多的缘故。待植物下部完全干燥后在进行第二次浇水。

小窍门

如果植物的茎有衰弱的趋势，请用支撑物支撑住它；请选择可以吸收腐殖土中部分水分的支撑物，这样可以消耗植物中多余的水分。

功效 该植物能吸收部分甲醛，具备极强的蒸腾作用，能增加空气湿度。

心叶蔓绿绒

Philodendron scandens **天南星科**

植物功效

有效吸收甲醛

摆放位置

适宜摆放在门口、客厅、办公室、楼梯间

心叶蔓绿绒易于种植，即便疏于管理、条件差也能正常存活。你只要给它提供一个坚固的支撑物或者允许它蔓生，它就可以在任何一个房间里生存下去。

适合摆放在何处？

这种生命力顽强的植物在光线不充足的地方也可以生长得很好，可以用来装饰客厅、走廊、门厅或者楼梯间。也可把它摆放在办公室。

种类

心形叶片和纤细柔软的茎让心叶蔓绿绒可以自由攀爬、下垂甚至是覆盖墙壁，这可以让人想起常春藤。

冬季需要适度光照,但不可接受太阳光直射

适宜温度为 15~25℃

无花期

生长期对水分要求苛刻

每年都要换盆

预防介壳虫、蚜虫、红蜘蛛等

形态

叶片常绿,有光泽,存活期长,长至少 10 厘米。攀缘性强,枝条不掐断的情况下,可以无限攀缘生长。

光照与温度

可承受半阴环境,但冬季时需要接受较多光照以促使植物生长,各个季节都应避风。

浇水与施肥

生长期内植物要生出新芽,故需要大量浇水。寒冬时短暂的休眠期间,也要为其提供充足的水分,避免腐殖土完全干燥。从植物上部开始浇水,约 30 分钟后将托盘内多余的水分排出。给幼株施液体肥料时剂量减半,植株成年时恢复原有剂量。

病虫害

真菌病和煤污病会导致植物身上出现黑色痕迹。蚜虫和其他吸管昆虫分泌的黏性树蜜会衍生出真菌,这种情况下,你可用浸湿的棉布擦拭叶片,并用生物杀虫剂医治植株。

如果叶片上出现黄褐色的斑点,这就意味着植物受到了穿堂风的侵袭和气温变化的迫害,过度浇水也可以导致这种现象的出现。

功效 如果你对园艺了解甚少或者你是个刚入门的园艺爱好者,你可以选择种植心叶蔓绿绒,因为它具有很强的抵抗力。它可以吸收甲醛,即使吸收量有限:约每小时 2 微克。

小窍门

每天用温水喷洒叶片。心叶蔓绿绒可在护苗棍的指引下生长,它可以生出很多气根,气根可以吸收空气中的养分和湿度。根系要深入青苔,这可以帮助植物攀附并给上部枝叶提供湿度。

经常修剪嫩枝顶端,这样能促使其长成荆棘状的形态。

象耳蔓绿绒

Philodendron domesticum 或 *philodendron tuxla* **天南星科**

植物功效

有效吸收甲醛

摆放位置

摆放在门口、客厅、办公室、卧室

象耳蔓绿绒原产于巴西，因其叶子形似象耳而得名，出售时也会使用蔓绿绒这个名字，因其装饰性和去污能力而深受人们的喜爱。

适合摆放在何处?

象耳蔓绿绒可摆放在门厅、客厅、办公室、卧室。它可以有效吸收新家具和涂料释放的甲醛。

种类

蔓绿绒有很多新颖的品种。绿萝，我们之前已经介绍过，还有深红蔓绿绒，叶形奇特、悬挂种植。